张晶晶 著

百年奥运

服装的演进

中国纺织出版社有限公司

内 容 提 要

本书主要探讨奥运服装的历史演变及其背后的文化和技术因素。本书详细梳理了现代奥运会竞技项目的服装发展历程，介绍了从古代奥林匹亚竞技会的裸态竞技到现代奥运会中功能性、时尚性、科技感兼具的竞技服装的变迁，还对竞技服装在运动性能、舒适度和时尚性方面的发展进行了深入研究，并展望了未来奥运服装的发展趋势及前景。

本书适合对体育和时尚感兴趣的读者阅读，包括时尚设计师、体育爱好者、历史学家和文化研究者。通过本书，读者可以深入了解体育与文化之间的密切关系，认识竞技服装背后所承载的丰富历史和价值。本书不仅是对奥运服装演变的全面探讨，也是了解百年奥运会风云变迁的重要参考。

图书在版编目（CIP）数据

百年奥运服装的演进 / 张晶晶著. -- 北京：中国纺织出版社有限公司，2024. 6. -- ISBN 978-7-5229 -1978-2

Ⅰ. TS941. 734

中国国家版本馆 CIP 数据核字第 2024LY5972 号

BAINIAN AOYUN FUZHUANG DE YANJIN

责任编辑：范雨昕　　特约编辑：郭燕雨秋
责任校对：高　涵　　责任印制：王艳丽

中国纺织出版社有限公司出版发行
地址：北京市朝阳区百子湾东里 A407 号楼　邮政编码：100124
销售电话：010—67004422　传真：010—87155801
http://www.c-textilep.com
中国纺织出版社天猫旗舰店
官方微博 http://weibo.com/2119887771
北京华联印刷有限公司印刷　各地新华书店经销
2024 年 6 月第 1 版第 1 次印刷
开本：787×1092　1/16　印张：15
字数：232 千字　定价：128.00 元

　　15世纪以来，欧洲社会对古奥林匹克文化遗址的挖掘和对古希腊体育文化的解读一直在持续。18世纪末欧洲掀起复兴奥林匹克运动的浪潮，无数现代体育运动的发起者和传播者的热情呼吁、多次冠名"奥运会"的体育运动会的成功举办、运动会伦理的成功塑造、现代奥林匹克主义综合理念的形成，都是现代奥运会产生的社会背景和前提条件。

　　1896年首届雅典现代奥运会的举办，拉开了奥运会这一体育盛会的帷幕。一百多年以来，全世界人民热情参与，在奥运会舞台上留下了一幕幕弥足珍贵的精彩画面。其中，凝结着智慧、文化、技术、科技的服装作为这些画面中的符号，或黑白、或艳丽、或静止、或跳跃，却都无声地、永恒地记录着这一伟大赛事的发展和壮大。

　　2023年9月，中国丝绸博物馆举办了一场特别的展演"运动与时尚——20世纪西方运动休闲服饰展"，展出了19世纪80年代至20世纪70年代的骑行、游泳、滑雪、高尔夫和网球运动的服装，打开了西方体育运动的百年历史长卷，生动再现了体育运动和运动服装的发展。19世纪80~90年代，维多利亚时代的女性打网球时，会穿着日常的礼服，包含紧身胸衣、巴萨尔裙撑、衬裙等厚重的内衣，面料通常为棉，腋下两侧缝制鱼骨，裙长离地5厘米，并佩戴礼帽；19世纪初，早期的女士泳装由宽松的内衣演变而来，面料通常为羊毛或棉，下水后面料吸水变重，起身时面料垂坠，既影响速度又欠缺保护性。游泳作为一项新兴的娱乐活动，被认为是一种时尚，女性泳衣也呈现出前卫、时髦、个性的风貌；20世纪初，滑雪装备主要是羊毛服装和皮草，女性在长裤外还要穿上长裙。20世纪20年代女性放弃了裙子，羊毛长裤搭配具有装饰艺术风格的羊毛针织衫成为流行。20世纪30年代，防水的花呢和防水面料开始运用到滑雪服上。

同一时期巴黎装饰艺术博物馆推出展览"时尚与体育：从一个领奖台到另一个领奖台"，该展览系统地梳理了从19世纪至今的运动服装发展历史，以及时尚与体育之间不断交互的共生关系。展览通过450件藏品，包括服装、配饰、照片、手稿、杂志、海报、绘画、雕塑和录像多方位展示运动服装的演变，及其体育对当代时尚的影响。运动服装的变迁体现了数十年的科技突破和社会发展。策展人苏菲·勒马修（Sophie Lemahieu）表示："展览按照时间顺序布置，展示了对时尚界产生极大影响的体育活动，以及历史上标志性的运动时尚单品。"展览中心区别出心裁地设置了一条寓意当代时尚的"跑道"，周边悬挂金环向奥运会致敬。展览聚焦体育与"时尚"，这与巴黎这座国际"时尚之都"的定位十分契合，通过这些展览品，尘封的百年奥运服装历史，再次生动地展现在世人面前，也为即将到来的2024年巴黎第三十三届奥运会预热。

2024年7月，第三十三届奥林匹克运动会将在法国巴黎举办，届时，全球上万名运动员来到巴黎参与奥运会比赛的角逐。这也是"时尚之都"巴黎第三次举办现代夏季奥运会（简称夏奥会），第一次和第二次分别为1900年第二届奥运会和1924年第八届奥运会，由此巴黎成为世界上举办现代夏季奥运会次数最多的城市之一。

1900年巴黎奥运会意义非凡，标志着现代奥运会离开了诞生地希腊，走向了国际化。本届奥运会是在不利的环境下由"现代奥运之父"顾拜旦极力争取的，得以"落座"巴黎是充满不稳定性的。这届奥运会没有标志性图案，没有开幕式和闭幕式，没有为获胜选手颁发奖牌或授予桂冠，没有赞美诗或合唱团，甚至没有正式的"名份"，且与巴黎世界博览会同一时间召开，这两个活动没能区分开来，甚至让奥运会沦为巴黎世界博览会的一部分，导致一些运动员参加完比赛也并不知道参加的是奥运会。这届奥运会开创了现代奥运会之首——女性运动员首次亮相奥运赛场。1900年的巴黎奥运会是悲壮的，它体现了"新生事物"不被接受、又奋力前行的困境；1900年巴黎奥运会是生动的，举办项目的数量和参与人数可观，如参赛选手多达8000人的大型体操比赛和5000人的大型射箭比赛，体现了民众对现代运动会的热情。1900年巴黎奥运会不仅举办了传统的田径、网球、游泳、射击、自行车、体操、击剑、射箭项目，还举办了足球、橄榄球、板球、回力球、高尔夫球、保龄球、槌球等团体项目，以及大型摩托车、摩托艇、热气球、钓鱼、赛鸽这种大众化的娱乐活动项目。这届奥运会上还举办了全国性的军事准备和救生比赛、全国性学校比赛以及关于卫生和生理学的学术大会。世博会上展出的新科技、新艺术，奥运会展示出的竞技、活力，使巴黎这座城市具有多元化和包容性的特征。在这一次盛大的、参观总人数达到5000万的世界博览会（也称万国博览会）上，巴黎的时装艺术也大放异彩——顶级时装屋，众多服装生产商、供应商也向全世界展示了巴黎的"时尚"。

1924年的第八届奥运会获得了法国政府的大力支持。"整个城市人潮涌动，来自世界各地的观众齐聚在这里，热闹非凡。"本届奥运会开创先河——首次包含了冬季奥运会；首次提出了"更快、更高、更强"的奥运格言；首次在闭幕式上升起奥运会会旗、承办国国旗和下届承办国国旗；首次使用无线电转播技术等。

每一届奥运会的举办，都是在特定的历史条件下进行的，具有非凡的历史意义。在这场全球最大的体育盛会中，服装对运动员来说，不仅是庇体，也是个人身份的象征；服装对于团队来说，不仅是团体形象的凸显，更可以增强团队凝聚力；服装对于国家来说，不仅是国家文化的象征，也是国家实力的象征。奥运会竞技服装近百年的飞速发展，反映的恰是百年奥运的风云流转、社会观念的翻天覆地、科学技术的日新月异。

本书以奥林匹克运动会中夏季奥运会竞技服装的发展为视角，旨在探究其历史演变及其背后的文化和技术等影响因素。通过对奥运会历届赛事中竞技服装的分类梳理、特点分析，厘清竞技服装演进中发生转变的节点、原因，解析其背后的社会、文化和商业等因素。本书分为几个主要部分：一是追溯现代奥运会与古代奥运会的渊源，对比两者不同的着装特点；二是对现代奥运会32个竞技项目从服装类型的角度进行分类，并对历届奥运会各个项目的服装发展进行图文梳理；三是结合服装发展历史探索竞技服装的演进历程，从材质、功能和审美等方面进行解析；四是展望奥运会项目的发展趋势及奥运服装未来的发展趋势。

本书对奥运服装的演变进行全面而深入的探讨，希望读者能够更加深入地了解体育与文化之间的密切关系，以及竞技服装背后所承载的丰富历史价值。本书在编写过程中参考了国内外相关著作及资料，书中引用的图片源自盖蒂（getty）网，在此对相关原创作者一并表示衷心的感谢。愿本书能够成为您深入了解奥运服装演变历程的重要工具，同时也希望本书能够为时尚设计师、体育爱好者、历史学家和文化研究者提供有益的参考和启示。

张晶晶

2024 年 3 月 28 日

目录

第四章　奥运服装的发展趋势

第一章
奥运会的起源与
奥运服装

百年奥运服装的演进

第一节　奥运会的起源和发展

一、古代奥运会

（一）起源与特征

奥运会的起源可以追溯到希腊古代奥运会（也称奥林匹亚竞技会）。传统上认为古代奥运会是公元前776年开始在"圣地"奥林匹亚举行，持续至公元393年，历时1169年，其间每四年一届，共举行了293届。古代奥运会的起源被希腊人赋予传奇色彩，来自希腊神话故事中的传说就有多个版本。现代学者提出古代奥运会来源于葬礼仪式、成人仪式、狩猎仪式的不同猜想，不管怎样，可以确定的是古代奥运会源于古希腊贵族和精英阶层的竞技精神，富人和战士精英阶层的希腊人发起了这种竞技体育比赛。

据说古代奥运会最初只有一项比赛——徒步赛（斯塔狄昂赛跑），即在长度约为192米的直线跑道上赛跑。公元前708年引入搏击类项目，公元前680年引入马术项目，随后增加了摔跤、拳击、马车赛等项目。最初只有希腊城邦的自由男子可以参加古代奥运会，后逐渐开放给所有希腊人。古希腊城邦之间战事不断，但在奥运会举行期间，所有希腊城邦会宣布休战，允许运动员和观众安全地前往和离开奥林匹亚，所以奥运会代表着"和平"精神。

不仅如此，古代奥运会也是希腊文化的重要组成部分，是竞争、荣耀和体育精神的象征，也是社会交流和诗歌、艺术表演的场所。随着罗马帝国的兴起和对希腊的征服，古代奥运会逐渐失去了其纯粹的竞技性质，在罗马统治下，古代奥运会开始包含更多的娱乐元素。

尽管古代奥运会最终衰落，但它们对后世体育和奥林匹克运动的影响深远，被视为现代奥运会精神和历史的源泉，是现代体育竞赛和国际和平精神的起源之一。

（二）着装特点及原因

"赤身运动"是古代奥运会的重要特征。古代奥运会只允许男性参加和观看，运动员皆是裸体参赛，对于希腊人来说，男子裸体是一种提升战士英雄气概的方式，摆脱社会等级和地位的影响。

古代奥运会裸体参赛，原因有三：一是古希腊的服装形制中，没有适合竞技体育运动穿着的服装。举办古代奥运会的早期希腊（约公元前8世纪至公元前6世纪）、古典时代（约公元前5世纪至公元前4世纪）、马其顿统治时期（约公元前4世纪至公元前2世纪）、希腊化时代（公元前323年至公元前30年）、罗马帝国时代（公元前27至公元后476年）的服装结构主要以非成形构成的腰衣、披挂衣、缠绕衣为主，后期则出现半成形的套头衣以及宽松的多褶裥形态的服装。

二是古希腊人认为裸体是对神的尊敬，是神圣而高雅的。古希腊行军打仗、祭祀神灵是男性的职责和特权。健美和健壮的身体是值得尊重的，举行竞技运动的目的就是锻炼和展示男性身体的力量，他们为奥运会修建运动场馆供男子练习及竞赛，男子在练习的时候也都是赤身裸体的，"gymnasium"（体育馆）一词就是由"gymnos"（裸体的）一词演变而来的。

三是"人体美"是古希腊艺术的主要标志，在古希腊人心目中占有神圣的地位。公元前6世纪，雕塑艺术出现，这种代表希腊灿烂文化的艺术形式，颂扬的是人类主体的尊严，这是区别于其他文化的独特存在。人体雕塑艺术呈现了理想化的人体形象，旨在歌颂青春和力量所凝结的人类形态与神圣理想之美的一致性。人们为传奇英雄或竞赛冠军描绘裸体，这是在运动员中流传的习惯。裸体绘画和雕塑中肌肉发达、健壮有力的男性身体，被人们公认为是美的象征。

二、现代奥运会

现代奥运会被认为是对古代奥运会的复兴，是在欧洲国家推行思想文化运动、经济发展、教育改革的社会背景下产生的，受古希腊体育传统的影响，也得益于现代奥运会之父——法国教育家巴伦·皮埃尔·德·顾拜旦的个人努力。1892年11月25日，顾拜旦在巴黎索邦大学发表了著名演讲《奥林匹克宣言》，公开提出"恢复奥林匹克运动"的主张，1894年召开的国际体育大会上，重启奥运会的想法获得支持，同年成立了国际奥林匹克委员会（IOC）作为奥运会的最高管理机构，在国际奥委会的努力倡导下，现代奥林匹克运动会得以举办。奥运会发展情况可以分为以下五个阶段（原定于1916年、1940年、1944年举办的第六届、第十二届、第十三届奥运会因为第一次世界大战和第二次世界大战的原因停办，但按照希腊文化传统，届数照算）：

（一）探索阶段（1896—1916年）

这一时期奥运会属于新生事物，为贵族阶层的体育竞技平台，范围较小，往往与四年一届的世博会一起举办。比赛项目时增时减，没有统一标准和规则，不够规范。

1896年首届现代奥运会确定了九大初始项目：田径、游泳、举重、射击、体操、击剑、网球、自行车和古典式摔跤，在项目设置上沿袭古代奥运会旧制，不允许女性参加，没有集体项目，举重、摔跤不按体重分级，这是1894年6月巴黎索邦神学院举行的国际体育会议上国际奥委会讨论的结果。会议委托专门委员会提交了历史上第一份奥林匹克项目清单，供首届奥运会组委会（以下简称奥委会）挑选，包括：田径、赛艇、帆船、游泳、滑冰、击剑、拳击、摔跤、射击、体操、自行车，以及足球、草地网球和法国的室内网球等项目。本届奥运会虽然遇到场地问题和经济困难，但在顾拜旦的坚持和努力下，还是得以成功举办。1900年第二届巴黎奥运会有重大调整，大项数量增加至20项，允许女性参与其中两个项目的比赛；集体项目进入奥运会。1904年第三届圣路易斯奥运会，大项数量调整为17项。1908年第四届伦敦奥运会实现了五大洲运动员首次聚齐，真正实现了国际化，比赛大项增加至24项。1912年第五届斯德哥尔摩奥运会比赛大项为15项，首次提出了"体育地理"的概念，首次使用了辅助的电子计时和终点摄像设备。

（二）规范阶段（1920—1944年）

1914年召开的奥林匹克大会确定象征五大洲团结的五环旗作为奥运会会徽，规定奥委会法定语言等重要规范。1921年洛桑奥林匹克大会、1925年布拉格奥林匹克大会、1930年柏林奥林匹克大会讨论了《奥林匹克宪章》，为今后奥运会的组织、规模、制度制定了框架。此阶段的五届奥运会大项项目数分别是22项、17项、14项、14项、19项。1920年第七届安特卫普奥运会规定了比赛的天数，第一次升起奥运会会旗，第一次放飞和平鸽。1924年第八届巴黎奥运会上，诞生了"更快、更高、更强"的奥林匹克格言，闭幕式上升起奥运会会旗、承办国国旗和下届奥运会承办国国旗。1928年第十届阿姆斯特丹奥运会首次举行火炬接力活动，这届奥运会有几项创举，如大型成绩显示板、田径场跑道的标准尺寸、入场式顺序等，这些模式沿用至今。1932年第十届洛杉矶奥运会，中国运动员首次正式亮相奥运会。1936年第十一届柏林奥运会第一次设置了奥运火炬的传递，从希腊的奥林匹亚山传递到柏林体育场，之后的每届奥运会都需举办"圣火传递"的仪式。

（三）发展阶段（1948—1980年）

第二次世界大战之后，国际社会进入飞速发展阶段，在经济、文化各方面稳定发展的条件下，奥运会项目设置逐渐成熟与完善，奥林匹克运动的发展开启了新篇章。1948—1960年奥运会大项有17个，1972—1984年增长为21个大项，参与人数创下了前所未有的纪录。1948年第十四届伦敦奥运会是首届在东道主国家电视播出的奥运会。1952年第十五届赫尔辛基奥运会是中华人民共和国成立以后第一次正式参加的奥运会。1956年第十六届墨尔本奥运会是历史上唯一一个比赛场地设置在两个不同国家的奥运会，且比赛时间间隔很久。1960年第十七届罗马奥运会，古代运动场和现代体育设施融合使用。1964年第十八届东京奥运会第一次在亚洲国家举办，本届奥运会首次利用卫星向全世界转播大赛实况。1968年第十九届墨西哥奥运会，首次使用塑胶跑道，首次使用彩色电视技术向全世界转播。

（四）扩张阶段（1984—2000年）

1980年，萨马兰奇担任国际奥委会主席后进行了一系列的改革，他坚持开放的思想，重新构建了奥林匹克系统内外关系，并大胆引入市场机制。1984年洛杉矶奥运会是一个里程碑，首次以商业化的形式运作，实现了奥运会扭亏为盈的转折，大幅增加了各国申办奥运会的兴致和热情，奥运会的发展从此进入新的阶段。萨马兰奇担任国际奥委会主席的20余年间（1980—2001年）奥运会项目总数增长最快，从奥运会大项数量来看，1988年为23个，1992年为25个，1996年为26个。一些在亚洲、北美、大洋洲国家和地区普遍开展的项目得以进入奥运会，手球、网球和射箭也重返奥运会。

（五）稳定阶段（2004年至今）

2004年，第二十八届奥运会在雅典举办，这是时隔100多年后，奥运会重新回到发源地雅典。2004年奥运大项达到28项，本届奥运会的奥运火炬首次传遍了世界五大洲，并传遍所有举办过奥运会的国家。本届奥运会中田径项目男、女铅球比赛在古奥林匹亚体育场进行，使人重温古代奥运会的神圣与辉煌。2008年第二十九届奥运会在北京举办，这是中国第一次举办奥运会，得到了前国际奥委会主席萨马兰奇的高度评价。在罗格担任国际奥委会主席期间，追求奥运会项目的"瘦身"，因此，2008年和2012年两届奥运会被严格限定在28个大项以内，北京奥运会设28个大项，伦敦奥运会则只有26个大项，里约热内卢2016年奥运会也被限定在28个大项。巴赫担任国际奥委会主席以后，给了东道主增项的权力，奥运会项目再度增长，2020年东京奥运会（第三十二届奥运会实际在2021年举办，称为"2020年东京奥运会"，后文涉及此问题不再赘述）多达33个大项，而2024年巴黎奥运会的大项也将达到32个。

在国际奥委会的组织及世界各个国家和地区的配合下，奥运会得以延续每四年一届的传统。然而，受到国际事件的影响，奥运会的发展充满曲折：1916年原计划在德国柏林举办的奥运会因第一次世界大战爆发而取消；1940年原计划在日本东京和1944年原计划在英国伦敦举办的奥运会受到第二次世界大战的影响而停办；1936年柏林奥运会和1980年莫斯科奥运会、1984年洛杉矶奥运会受到抵制；1970年慕尼黑奥运会上的恐怖分子绑架案导致了比赛的中断，引发奥运会安全措施的重新评估；2020年原定于在日本东京举办的奥运会因为COVID-19病毒感染在全球范围蔓延而导致延期；在冷战期间，奥运会经常成为东西方展示力量和竞争的舞台，各国运动员的表现常被视为国家实力的象征。由此可见，奥运会不仅是体育盛会，也是国际政治、社会动态和文化交流的重要舞台。每一届奥运会都在特定的历史和政治背景下举行，这些背景对奥运会的组织和运行有着深远的影响，奥运会的举办也面临着巨大的挑战和不确定性。

传播媒介的发展如无线电的产生、电视的普及、网络全球化的发展都影响了奥运会的性质和规模。电视的普及使奥运会可以触及全球数以亿计的观众，极大地增强其影响力和吸引力。互联网直播也为观看比赛提供更多便利。这一现象吸引了大量广告商和赞助商，使得奥运会变得越来越商业化，极大地推动了奥运会的经济价值和社会价值的发展。

如今，由于体育项目和参与人员的数量不断增加，现代奥林匹克奥运会已经发展为包含夏季奥林匹克运动会、夏季残疾人奥林匹克运动会、冬季奥林匹克运动会、冬季残疾人奥林匹克运动会、夏季青年奥林匹克运动会、冬季青年奥林匹克运动会、世界夏季特殊奥林匹克运动会、世界冬季特殊奥林匹克运动会、夏季聋人奥林匹克运动会、冬季聋人奥林匹克运动会共十种运动会的综合体育运动会。当代奥运会涵盖了多种国家和民族文化，不断丰富的体育项目和众多的参与国家反映了奥运会的广泛性、包容性和多元化。

第二节　奥运会的地位和影响

奥林匹克运动会无论从发展历史、组织规模、参与人数等角度来说，都是无可比拟的，这一全球性体育赛事，代表着体育竞技的最高水平，同时也是全球最具包容性的体育盛会，包含了广泛的从传统到新兴的项目。对于运动员来说，参加奥运会并赢得奖牌是职业生涯的最高荣誉。

奥运会不仅是体育竞技的最高赛事，更是文化和政治交流的平台。在历史上，奥运会是展示国家实力和政治立场的舞台。在现代，开闭幕式等活动为东道主国国家提供向全世界展现本国文化的舞台。

奥运会促进国际和平与团结，"奥林匹克休战"的概念源于古代奥运会，现代奥运也延续这一"和平"精神。现代奥运会强调不同国家间的友好竞争，促进国际和平与理解。1900年第二届法国巴黎奥运会上占据统治地位的团体操和射击项目，具有集体价值主义和民族武装的象征意义。奥运会是社会变革的推动者，是社会发展的催化剂，奥运会以包容的态度，化解了一些社会冲突问题，如性别平等、反种族歧视等，维护了社会和平、人人平等。奥运会的召开促进了多个国家的体育场馆建设，推动人类的卫生、健康事业发展，19世纪中期法国简陋的大众浴场被19世纪末修建的室内温水游泳池代替，解决了卫生问题，为大众健康服务。1920年之后，巴黎出现将洗浴和游泳分开的建议，开始建立专门的游泳池，推动了游泳运动的发展。

奥运会创造的非凡的体育精神鼓舞人心，为人们带来重要的精神力量。"更高、更快、更强、更团结""同一个世界，同一个梦想"等奥运口号，*Hand in Hand, The Power of the*

*Dreams*等奥运主题歌曲，这些经典的传唱体现了人文文化和奥运精神的交融，是奥运会留给人类的宝贵文化遗产。

奥运会具备巨大的商业和传播价值，推动了体育产业和媒体技术的发展。奥运会吸引了大量商业赞助，为参与国家和运动员提供了重要的资金支持。对东道国而言，奥运会能带来显著的经济效益，包括城市改造、就业和旅游。奥运会是全球观众最多的体育事件之一，电视转播和网络直播覆盖全球，媒体的关注带来了巨大的广告收入和品牌曝光机会。奥运会促进了电视、网络直播和社交媒体的发展，提供了新的观赛体验。随着技术的发展，观众可以通过更多渠道和更高质量的方式观看比赛。

此外，奥运会推动了体育科技的发展，提升了运动员的表现，如高性能装备、运动医学和数据分析，这些创新不仅应用于顶级运动员，也惠及普通公众。

奥运会在全球体育中的地位无可替代，它不仅是体育竞技的最高舞台，也是文化交流、国际关系和社会议题的重要平台。同时，奥运会还推动了体育科技、商业和媒体的发展，对全球体育和社会产生了深远的影响。

第三节　奥运服装

奥运会所涉及的服装类别有开闭幕式中的表演服、入场礼服、工作服，正式比赛中的竞技服装、裁判服、队服等。

古代奥运会诞生之初，开幕式表演就存在，它的原始作用是渲染气氛，传递举办方的热情。顾拜旦反复指出"复兴奥运会的必要性，在于要用它来提倡对真正的、纯洁的体育精神指导下进行体育锻炼的尊崇和奉献"，奥运会通过圣火点燃、升旗、宣誓等仪式和文艺表演，集中展示奥林匹克文化，将人们带入奥林匹克主义和精神之中，实现其重要的教育功能。如今的奥运会开幕式，也是举办方向全世界展示其文化、国家实力和体育精神的重要窗口。

奥运会开闭幕式中的表演服是指奥运会开幕式和闭幕式上的演员穿着的演出服，2004年作为奥林匹克发祥地的雅典时隔百年之后再次承办奥运会，开幕式上，雅典不遗余力地通过气势恢宏的演出，向世界人民展现了古希腊文化和现代奥林匹克体育精神，留下了宝贵的奥林匹克文化财产；2008年北京奥运会开幕式美轮美奂、精彩绝伦，参与演出人员达到2万人，聘请奥斯卡金像奖——最佳服装设计获得者——石冈瑛子担任开幕式服装总设计师，用磅礴的气势为世界人民展现了中国文化的博大精深，深深震撼世界人民的内心。北京奥运会开闭幕式上的表演服根据节目编排进行设计，种类繁多，是体育与艺术、文化的碰撞，这些华丽的服装为奥运会增光添彩，后期陈列于奥运博物馆，是馆藏的一大亮点，是奥运财富和文化的留存，为人们留下共同的美好记忆（图1-1）。

奥运会开幕式入场礼服是参赛国家及地区代表在入场仪式中穿着的团队礼服，一般是运用能代表国家或地区形象的色彩（如国旗色），款式上结合本国的传统文化进行现代时尚化设计，结合功能性，体现科技性。材质上注重品质和舒适性。奥运会入场礼服，在奥运会历史上留下了众多经典画面，现代的入场服更加争奇斗艳，或时尚，或传统，都极具看点（图1-2）。

工作服是奥运会中的一个重要门类，是技术官员、志愿者、餐饮人员、清洁人员、客房服务人员的服装，工作服具有实用性、功能性、美观性、统一性、标识性等特征。2022年北京冬奥会志愿者达到1.9万人，他们的统一着装是奥运会整体形象的一部分（图1-3）。

在国际赛事中，体育运动服装往往是国家形象象征和文化特色展现的重要载体。竞技服装是指运动员在比赛中穿着的服装，具有功能性、防护性、标识性等特征。奥运会选手不

图1-1 2008年北京奥运会开幕式中的盛大节目

图1-2 2020年东京奥运会开幕式荷兰队礼服

图1-3 2022年北京冬奥会为工作人员、志愿者、技术官员设计的制服（从左向右）

仅代表个人，更代表团队和国家，在世人瞩目的奥运会竞赛中，运动员的运动成绩，甚至一个表情、一个动作都能引起巨大关注，引发群体讨论。运动员的着装更是重要的身份标

识，不仅代表个人身份，更是体现团队精神和国家形象。奥运会竞技服装需符合不同运动类型的特征，满足不同运动项目需要。例如，一些运动服装可以提供必要的支持和稳定，如射击服装以自身的材质和重量为运动带来稳定的支撑；球类运动需要服装具有良好的吸湿排汗性，有助于保持运动员身体的干燥，防止因汗液过多导致的不适或摩擦伤害；竞速运动中，减少阻力对于提高运动员的表现至关重要，服装的流线型设计可以显著减少空气或水的阻力，提高运动员的速度和效率。2024年巴黎奥运会发布的官方运动员服装体现了法式浪漫和时尚（图1-4）。

（a）艺术体操　　　　　　　　　　　　　（b）滑板

（c）射箭　　　　　　　　　　　　　（d）马术

图1-4　设计师斯蒂芬·阿什普尔携手法国运动品牌乐卡克共同设计的2024年巴黎奥运会法国国家代表队队服

竞技服装承担着重要的使命，随着纺织工业、化学工业及设计艺术的发展和进步，越来越多功能性、美观性的化学纤维面料应用于竞技服装中。

裁判服是奥运会裁判员穿着的服装，根据项目不同，有运动套装和正装套装之分，奥运会裁判服装是奥运"公平竞争"精神的化身，统一的裁判服体现了竞赛的正式、威严（图1-5）。

图1-5 2020年东京奥运会裁判服

队服是国家、团队统一的领奖服、项目团队服装，一般是运动套装，具有礼仪性、标识性的特点。当运动员依靠卓越的体能和顽强的毅力，奋力拼搏获得奖项的时候，当代表胜利和荣誉的国歌奏响，国旗升起的时候，运动员身着领奖服站上领奖台，民族自豪感和自信心得到强烈的体现，领奖服代表着此刻的最高礼仪，承载着民族精神、家国情怀。2020年东京奥运会中国队领奖服，由著名设计师叶锦添花费4年时间，选取中国传统色彩、传统元素，用简约、时尚的设计语言，联合安踏共同出品了"冠军龙服"（图1-6），向全世界呈现中国的民族文化和民族自信。

图1-6 著名设计师叶锦添与安踏公司联合出品的"冠军龙服"

百年奥运服装的演进

第二章
奥运服装的分类及发展

奥林匹克运动会中以夏季奥运会（以下简称夏奥会）最具代表性，其历史最悠久、项目最丰富、参与国家最多，影响最广泛。从1896年第一届雅典奥运会至2024年第三十三届巴黎奥运会，夏季奥运会历经120多年，发展成为拥有32个大项，329个小项的全球最大型的体育盛会。根据奥运会项目和服装的特点，可分为六个大类：专业竞技类服装、团队运动类服装、水上运动类服装、体操舞蹈类服装、休闲运动类服装、格斗力量类服装，表2-1对六个类型的项目作出归纳，并列出各项目进入奥运会的年份。

表2-1 各项目及其服装分类、进入奥运会年份

分类	大项	分项	进入奥运会的年份
专业竞技类服装	田径		1896—
	击剑		1896—
	马术	场地障碍赛、三项赛、盛装舞步	1900—/1912—/1912—
	射击		1896—1924、1932—
	射箭		1900—1908、1920、1972—
	自行车	山地自行车、公路自行车、场地自行车、小轮车竞速、自由式小轮车	1896—/1896—/1896—/2008—/2020—
	现代五项		1912—
	铁人三项		2000—
	攀岩		2020—
团队运动类服装	网球		1896—1924、1988—
	足球		1900—1928、1936—
	曲棍球		1908、1920—
	篮球	篮球、三人篮球	1936—/2020—
	手球		1936、1972—
	排球	排球、沙滩排球	1964—/1996—
	乒乓球		1988—
	羽毛球		1992—
	橄榄球		1904—1908、1920—1924、2016—

续表

分类	大项	分项	进入奥运会的年份
水上运动类服装	水上运动	游泳、水球、跳水、花样游泳、马拉松游泳	1896—/1900—/1904—/1984—/2008—
	帆船		1900、1908—
	赛艇		1900—
	皮划艇	皮划艇静水、皮划艇激流回旋	1936—/1972、1992—
	冲浪		2020—
体操舞蹈类服装	体操	竞技体操、艺术体操、蹦床	1896—/1984—/2000—
	霹雳舞		2024—
休闲运动类服装	高尔夫		1900—1904、2016—
	滑板		2020—
格斗力量类服装	举重		1896、1904、1920—
	摔跤	古典式摔跤、自由式摔跤	1896、1904—
	拳击		1904—1908、1920—
	柔道		1964、1972—
	跆拳道		2000—

第一节　专业竞技类服装

专业竞技类服装（Performance Athletic Suit）为特定的竞技运动而设计，具有针对性、独特性、专业性的特征，且可以根据运动项目的需求，不断优化调整，以达到最佳的效果。专业竞技类服装可以辅助运动员挑战体能极限，或提供安全防护，具有强烈的项目特征。夏奥会中的田径、击剑、马术、射击、自行车、现代五项、铁人三项、攀岩项目服装属于此类型。专业竞技服装注重服装的性能，对服装的款式、材质、板型及细节设计都有个性化的需求。

一、田径

田径（Track and Field）是现代奥运会核心项目之一，其发展可以追溯到1896年第一届雅典奥运会，包含跑步、跳远、跳高、铁饼和标枪项目，只有男性参加，1928年阿姆斯特丹奥运会开始允许女子参加田径比赛。奥运会田径项目经过多年的发展，新的项目不断增加，如今通常被分为三大类：跑步——短跑、中跑、长跑、障碍赛和接力赛；跳跃——跳高、撑竿跳、跳远、三级跳远等；投掷——铅球、标枪、铁饼、链球等。除此之外，还有综合性的多项赛事，如十项全能（仅限男子）和七项全能（仅限女子）。田径运动强调速度、技巧、力量和耐力，是测试人类身体极限的运动之一。

奥运会田径服装的演变经历了以下阶段：

早期（1896年至20世纪初）：田径服装主要由传统的棉纤维或毛纤维制成，设计简单且风格并不统一，往往近似于日常运动服或普通衣物。男性运动员通常穿着短裤和背心，女性则穿着长袖上衣和长裤或长裙。

20世纪中期（20世纪30至60年代）：随着合成纤维的发明和运动科学的发展，田径服装开始向现代化方向发展，材料轻量化、透气性好，以提高舒适度和运动表现。男性运动员开始穿着更紧身的短裤和背心，而女性运动员的服装也开始变得更适合运动，比如短裙和无袖上衣。

科技革新时期（20世纪70年代至20世纪末）：这一时期大量高科技材料应用在服装中，如聚酯纤维和锦纶，使运动服装更轻便、耐用，更具功能性。紧身衣和压缩服装也开始流行，旨在提高血液循环和减轻肌肉疲劳。

21世纪（2000年至今）：运动服装的设计越来越注重科技创新和个性化，使用特殊面辅料，如具有吸湿排汗、防风、减小空气阻力的功能性面料，环保可持续性也成为设计的重要考虑因素。

1896—1904年夏奥会上男子田径运动员上衣为棉质针织背心、棉质短袖、长袖衬衣，下装为棉质不同长度的短裤、长裤，鞋子为皮鞋或者长靴。马拉松参赛运动员服装为长袖T恤和长至膝盖的短裤，较为宽松，接近日常服装（图2-1~图2-4）。1908年，弹性面料开始运用于运动服装，材质依然以棉为主（图2-5）。

图2-1 1896年雅典奥运会田径比赛——铁饼项目希腊运动员着装

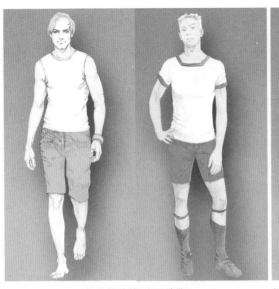

（a）匈牙利田径运动员　　　　　　　　（b）美国三级跳运动员　　（c）希腊马拉松运动员

图2-2　1896年雅典奥运会田径运动员着装

（a）美国跨栏运动员　　　　（b）加拿大2500米障碍赛运动员　　　　（c）美国铅球运动员

图2-3　1900年巴黎奥运会田径运动员着装

（a）古巴马拉松运动员　　　（b）参与了立定跳高、立定跳远、　　（c）新西兰短跑运动员
投掷项目美国运动员

图2-4　1904年圣路易斯奥运会田径运动员着装

（a）意大利马拉松运动员　　　（b）英国竞走运动员　　　（c）美国跳高、跳远运动员

图2-5　1908年伦敦奥运会田径运动员着装

1912—1924年奥运会田径运动员着装如图2-6~图2-8所示。

图2-6　1912年斯德哥尔摩奥运会美国田径运动员着装

（a）比利时400米栏运动员　　　　（b）芬兰铅球运动员　　　（c）英国800米跑和1500米跑运动员

图2-7　1920年安特卫普奥运会田径运动员着装

图2-8 1924年巴黎奥运会墨西哥田径运动员着装

　　1928年阿姆斯特丹奥运会上，席卷欧洲的妇女解放运动联合时尚界倡导女性穿衣自由，共同改变了那届奥运会女性田径运动员队服。同年，阿迪达斯公司的第一双"达斯勒"运动鞋出现在奥运会田径赛场，此鞋由皮革制作（图2-9）。

（a）美国女子100米跑运动员　　　　（b）德国女子800米跑运动员

图2-9 1928年阿姆斯特丹奥运会田径运动员着装

1932年第十届洛杉矶奥运会，田径运动员穿着针织运动背心和运动短裤，并形成一种固定的款式（图2-10）。1936年第十一届柏林奥运会至1988年第二十四届汉城（现称首尔）奥运会，田径服装大体上遵从固定款式，在领口的高低、肩的宽窄、裤边的形状等细节部位有变化，另外会在服装上通过印、贴、绣国旗或其他标志性元素体现国别特征，运动员的号码牌经过几番变化，也以固定的形式固定在服装的胸前位置。

19世纪30~40年代，欧美经济大萧条时期，服装以简约风格为主，这个时期，新型面料如人造丝和混纺面料开始流行，合成纤维被研制出来，它们的特点是易于打理和清洗，且价格便宜，受到人们追捧。这一时期也是女性运动史上里程碑式的十年，运动服装的款式得以改良，以裁剪合体的无袖衬衫和短裤代替了长裙，便于运动（图2-11、图2-12）。

20世纪50年代，经济开始复苏，女性对于运动的需求越来越大，跑步运动盛行。户外跑步时，女性对于服饰色彩和款式的选择也更加大胆。运动服装的款式设计优先选择收腰款式，突出线条的美感。由于世界经济高速发展，营养和医疗水平不断提高，现代的人体工程学不断发展，使运动装备更加舒适，可以有效防护运动损伤，跑步服装的发展水平得以提升。在款式方面，"背心和超短裤"成为马拉

（a）芬兰十项全能运动员　　（b）德国十项全能运动员

图2-10　1932年洛杉矶奥运会田径运动员着装

（a）日本女子铁饼运动员　　（b）德国女子铁饼运动员

图2-11　1936年柏林奥运会田径运动员着装

（a）女子铁饼运动员　　（b）标枪运动员

图2-12　1948年伦敦奥运会田径运动员着装

松项目服装的标配。吸湿排汗、透气、减少身体和服装之间的摩擦成为跑步者关注的焦点。到了20世纪中叶，田径运动员通常穿着宽松的短裤和T恤（图2-13~图2-15）。

（a）男子1500米跑　　　　（b）女子五项全能

图2-13　1964年东京奥运会田径运动员着装

图2-14　1968年墨西哥奥运会女子4×100米接力赛运动员着装

（a）男子5000米跑　　　　　　　　（b）女子1500米跑

图2-15　1972年慕尼黑奥运会田径运动员着装

　　在这段经济高速发展的时期，女性地位也在不断提高，到了20世纪70年代末期，有超过600万的女性参加赛跑与慢跑运动，针对身体防护的运动内衣也孕育而生。那个年代的设计师及男性跑步者以向女性看齐为荣，陆续推出了"超短背心""低胸细肩带背心"和短裤的搭配，露出胸肌和腹肌，显示出男性阳刚的一面，出现了更加色彩鲜明、图案大胆的服装（图2-16）。

（a）女子800米跑　　　　　　　　　　　　　　　（b）男子10000米跑

图2-16　1976年蒙特利尔奥运会田径运动员着装

　　1978年，赫尔辛基设计师推出"超短上衣"的特殊款式。

　　20世纪80年代，科学技术飞速发展，跑步者变得更为理性，运动服装款式不再标新立异。20世纪80年代初，跑步服装有了更大突破，为了减少空气摩擦，紧身裤及紧身衣出现了，但由于受到服装原料的限制，实际穿着效果并不是十分舒适（图2-17、图2-18）。20世纪80年代后期，得益于氨纶面料的发展和应用，"紧身"服装的概念再次回到公众的视野，设计师认为紧身的艺术是一种"街头概念"，而著名跑步教练杰夫·盖洛威则说，"紧身运动服让你在跑步过程中更加省力，更高效。"（图2-19）

图2-17　1980年莫斯科奥运会男子5000米跑运动员着装

（a）女子200米跑美国选手　　　　　　　　　（b）女子800米跑

图2-18　1984年洛杉矶奥运会田径运动员着装

图2-19　1988年汉城（现称首尔）奥运会田径男子800米跑运动员着装

　　20世纪90年代，跑步理论已经趋于完善，人们逐渐开始重视核心力量，将跑步和健身结合起来。马拉松及慢跑服装在某些方面并不适合日常核心肌肉群的训练，而紧身服装正好满足了这一方面的需求。1984年第二十三届洛杉矶奥运会女子连体紧身运动背心出现。1992年第二十五届巴塞罗那奥运会女子田径运动员普遍穿着紧身短背心搭配短裤，男子服装出现连体服（图2-20）。

图2-20　1992年巴塞罗那奥运会女子1500米跑运动员着装

随着化纤及纺织技术的发展，功能性面料在20世纪90年代也得到了迅速发展，服装设计师们有了更多选择及想象的空间，功能性服装产品不断更新，服装对于跑步者来说，美观只是其中一方面，舒适性及防护性才是跑步者穿着的主要原因。

20世纪80~90年代，运动服开始采用更紧身的设计，如迈克尔·杰克逊（Michael Jackson）在1996年亚特兰大奥运会上所穿的"紧身衣"（图2-21）。21世纪，科技更多地应用于田径运动服装的设计中，耐克（Nike）运动研究实验室（NSRL）的科学家与空气动力学家通力合作，于2000年为悉尼奥运会推出了第一代Nike Swift田径服装（图2-22），它应用划区域流体动力学，根据身体不同部位的动作与速度，相应选取不同的面料与织物。此外该服装还采用了兜帽设计，旨在进一步降低空气阻力。而后科学家不断对田径服装进行改良，采用创新科技，使其更轻盈、透气，这些变化反映了科技进步和对运动性能的重视。

图2-21　1996年亚特兰大奥运会田径男子200米跑运动员着装

（a）女子400米跑　　　　　　　　　　　（b）男子4×400米接力赛跑

图2-22　2000年悉尼奥运会田径运动员着装

　　2004年雅典奥运会（图2-23）和2008年北京奥运会田径运动员服装（图2-24）在进一步提升关键部位的空气动力学优势的同时，运动员还可以根据自己的喜好选择适合的装备。全新款式的剪裁更加贴身，背后使用Aerographics被动散热面料，并尽可能减少服装接缝，这种凹坑状面料能够有效降低空气阻力。

图2-23　2004年雅典奥运会男子田径100米跑运动员着装

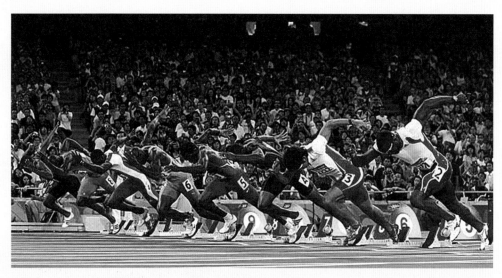

图2-24　2008年北京奥运会田径男子100米跑运动员着装

2012年伦敦奥运会上Nike的Pro TurboSpeed系列田径服装，通过AeroSwift科技以及划区域空气动力学设计改良了Nike Swift科技，最大限度地降低干扰与阻力（图2-25~图2-27）。

图2-25　2012年伦敦奥运会男子400米栏运动员着装

图2-26　2016年里约热内卢奥运会男子马拉松运动员着装

图2-27 2020年东京奥运会田径男子十项全能赛运动员着装

二、击剑

　　击剑（Fence）是最早进入现代奥运会的项目之一，被誉为"格斗中的芭蕾"，首次亮相于1896年第一届雅典奥运会，设有男子花剑、佩剑比赛，1900年第二届巴黎奥运会上增加了男子重剑比赛。击剑运动是从古代剑术决斗中发展起来的一项体育项目，起源于欧洲，与骑马、游泳、打猎、下棋、吟诗、投枪一起被列为骑士的七项高尚活动，是欧洲贵族阶层的必修课。击剑运动能够展现优雅的动作和灵活的战术，培养勇敢顽强的精神。奥运会中击剑项目包含个人赛和团体赛，女子击剑比赛于1924年首次被纳入奥运会。

　　击剑的起源和发展一直充斥着时尚韵味，早期的书籍记录击剑运动的时尚穿着，如男士的露趾凉鞋和高跟鞋，女士的紧身束腰带和裙子等。16世纪人们在练习击剑时使用特制的软垫击剑服，配有胸甲和凉鞋。17世纪的白色马甲、马裤、丝袜、凉鞋和黑色天鹅绒帽是击剑的时尚服装，后来这种天鹅绒帽被三角帽代替，与白色短外套、经典的侧扣击剑夹克一样，都是风靡18世纪的击剑服装。

　　19世纪中期，流行的击剑服装为左侧有扣子的立领宽松棕色亚麻外套，外套右侧从肘部到肩部用麂皮或者其他柔韧的皮革包裹。柔软的皮革、结实的亚麻布和软毛填充制成的外穿马甲能为击剑运动员提供更安全的防护。长裤、黑色领带、带护耳的钢丝护面、左脚的拖鞋和右脚的凉鞋是这一时期击剑运动员的着装形象，而这些服装在实践中不断改良，发展成更坚固的夹克、带衬垫的手套、大腿垫等，能为击剑手提供坚实的防护。

19世纪80年代，击剑已成为女性的时尚，1885年法国时尚杂志《艺术与时尚》展示过考究的击剑手的最新服装：女士着白色漆皮压花背心、红色天鹅绒袖子、红色丝绒宽束腰带、苏格兰裙、红色长袜和平底鞋和红色丝绒领带。男士着灰色天鹅绒服装，用银色纽扣扣住外套和裤腿，搭配黄色皮带、黑色漆皮手套和灰色皮靴，其中右边的靴子有一个突出的脚底，便于垫步，这是十分新颖的击剑服装设计，可见击剑服装在不断提高安全性能的同时，也追求时尚与个性化。

传统的女子击剑服装是由哔叽面料制成的分体式裙子，带软垫麂皮的白色夹克，黑色丝袜、黑色或白色的无根击剑鞋。伦敦女子击剑俱乐部推出过一条黑色羊驼毛衬里的短裙，搭配装有铜扣的白色亚麻布夹克。女子击剑运动员追求理想的击剑着装形象，会根据个人喜好选择材质和款式。男子击剑运动员这一时期的着装也相对自由（图2-28、图2-29）。1900年重剑开始在英国流行，绅士们穿着黑色击剑服装配长袜、白色夹克、普通手套（或者不戴手套）和步行靴或有高跟鞋。夹克最初由白色珠地面料制成，因不够牢固很快被帆布取代。1903年在法国举办的重剑比赛指定白色长裤和夹克、护面和白色无衬垫手套，长裤在小腿处有六粒纽扣。从此，奥运会的击剑服装更为规范化（图2-30、图2-31）。

图2-28　1896年雅典奥运会法国和希腊的花剑运动员着装

图2-29　1900年巴黎奥运会中的击剑运动员着装

图2-30　1908年圣路易斯奥运会法国重剑运动员着装　　图2-31　1912年斯德哥尔摩奥运会英国击剑运动员着装

　　1924年，女性可以参加奥运会击剑比赛，此时女子击剑运动员穿着白色夹克和黑色百褶裙参加比赛。1928年阿姆斯特丹奥运会女子身着白色夹克和白色褶皱裙（图2-32）。1932年洛杉矶奥运会上，英国击剑冠军朱迪·吉尼斯身穿马裤参加比赛（图2-33），引领了时尚，使马裤成为女子击剑手的首选服装。

　　击剑发展百年以来，护具和服装发生了很大变化，但击剑服装的颜色一直是白色，这是对击剑文化和精神的传承。虽然有了更先进的计分方式，但穿白色衣服的传统一直沿袭至今。

　　击剑服装强调安全性和实用性。出于安全防护，击剑服装需要有较高强度，击剑时热量消耗大，运动员大量出汗，需要服装具有吸湿、降温、速干的效果。击剑服装也一直在探寻更加优质的面料：1896年，法国击剑队的服装是由纯亚麻材料制成，来源于古希腊步兵的亚麻胸甲。19世纪末至20世纪初，击剑运动员通常穿着厚重的服装，一般为棉麻面料的上衣和长裤，以保护身体免受剑击伤害（图2-34、图2-35）。

图2-32　1928年阿姆斯特丹奥运会德国女子击剑运动员着装　　图2-33　1932年洛杉矶奥运会英国的击剑冠军朱迪·吉尼斯身穿马裤参加比赛

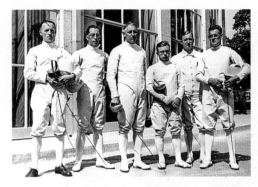

图2-34　1936年柏林奥运会德国击剑运动员着装　　　图2-35　1948年伦敦奥运会法国花剑运动员着装

　　随着技术的进步和击剑运动的普及，击剑服装开始采用更轻便、灵活的材料。20世纪中叶，击剑服装开始使用尼龙和其他合成材料，这些材料既能提供保护，又能保持运动员的灵活性（图2-36~图2-45）。

图2-36　1952年赫尔辛基奥运会法国击剑运动员着装

图2-37　1960年罗马奥运会法国花剑运动员着装　　　图2-38　1964年东京奥运会波兰和英国花剑运动员着装

图2-39 1968年，墨西哥奥运会匈牙利和法国击剑运动员着装　图2-40 1972年慕尼黑奥运会苏联和瑞典击剑运动员着装

图2-41 1976年蒙特利尔奥运会意大利和苏联花剑运动员着装　图2-42 1984年洛杉矶奥运会联邦德国和法国重剑运动员着装

图2-43 1988年汉城（现称首尔）奥运会意大利和苏联花剑运动员着装　图2-44 1992年巴塞罗那奥运会意大利和中国击剑运动员着装

图2-45　1996年亚特兰大奥运会法国和意大利击剑运动员着装

　　随着电动计分器的诞生，击剑运动的服装也更加规范和复杂，体现一定的科技感。电子记录装置不断更新，以更精确地判定比赛得分，因此现代击剑服装除了必须符合严格的安全标准，以保护运动员免受剑尖的伤害，还要在技术上不断进步。击剑运动服装的设计也越来越注重个性化和美观，运动员可选择定制设计，以体现个人风格。如今的奥运会击剑服装是高科技产品的结晶，它们通常由质轻且耐用的合成材料制成，如凯夫拉纤维和碳纤维，以提供最大的防护性和灵活度（图2-46~图2-51）。

图2-46　2000年悉尼奥运会德国击剑运动员着装

图2-47　2004年雅典奥运会法国击剑运动员着装

图2-48　2008年北京奥运会花剑比赛日本和意大利击剑运动员着装

图2-49　2012年伦敦奥运会日本和德国花剑运动员着装

图2-50 2016年里约热内卢奥运会俄罗斯和匈牙利花剑运动员着装

图2-51 2020年东京奥运会法国队和意大利女子团体击剑比赛运动员着装

严格击剑服装是由面罩、保护服、金属衣、护胸板、击剑长裤、击剑手套、击剑鞋等七大防护模块组成的防护服装。

面罩：由金属保护网和护颈组成，面罩后部装有固定的安全装置，可使比赛中运动员面部、颈部受伤伤口长度不超过2mm，能承受160kg的冲击力，布质的护颈要覆盖到锁骨，保证运动员头颈部的安全。

击剑的面罩分为三种，花剑面罩护颈上边缘2cm以下属于有效部位，采用与金属衣相同的金属面料，佩剑护面除金属网外，护颈等有效部位外部附件都是导电材料，花剑及佩剑的面罩均可导电，重剑则不可导电。

保护服：包括上衣、防护背心和击剑裤，一般由质地结实的尼龙面料制成，可以承受约80kg的冲击力，上衣是指夹克式外套，长袖，领口覆盖颈部，采用高密度复合材料制成。防护背心又叫小马甲，穿着于护胸板与保护服之间，对持剑手臂、腋下和躯干迎击面提供双重保护，由防弹纤维制成。击剑裤是背带式过膝马裤，用来保护腿部，与上衣材质相同。

金属衣：金属衣主要覆盖击剑判定的有效目标区域。根据项目不同，分为花剑的无袖式金属背心和佩剑的有袖式金属衣。

护胸板：是一种穿着在最内层的硬质塑料，采用柔性材料对胸部薄弱部位进行缓冲防护。主要保护运动员的锁骨、胸椎、胸骨等部位。女性击剑手击剑时必须穿着护胸板，男性击剑手可以不穿。

击剑长袜：长袜必须完全遮盖小腿，直到被裤腿覆盖。

击剑手套：采用优质皮革材料制作，手指部分较薄，需具备防滑效果，以及瞬间刺中的力量缓冲防护作用，防止受伤。手背部分较厚，保护手背，减少运动中对手的磨损、受伤。击剑手套有两类，其中花剑和重剑为一类，其长筒部位的材质与保护服材质一致。佩剑手套后部的长筒与金属衣材质相同，属于有效部位。

击剑鞋：鞋内摩擦力大，需具有良好的抓地力和支撑性、保护性，且舒适、灵活。

三、马术

马术（Equestrian）是一项历史悠久且优雅的运动，于1900年第二届巴黎奥运会成为比赛项目，是奥运会项目中唯一一项可以混合性别进行的个人赛事。1912年斯德哥尔摩奥运会，马术项目进一步扩展，增加了个人和团体赛马、个人和团体军官式骑术以及盛装舞步个人骑术等五个项目。目前，奥运会的马术项目包括三日赛、盛装舞步和障碍赛三个项目，每个项目都有个人赛和团体赛。

欧洲中世纪以前，马主要用于交通运输和军事用途，骑士和战士通常穿着铠甲和重型护具骑马。随着时间的推移，骑马逐渐成为一种休闲运动，马术服装受到狩猎服装的影响，如紧身长裤和长靴。到了19世纪，随着马术运动的流行，马术服装开始成为一种时尚标志。在这个时期，马术服装更加规范，男性骑手通常会穿着剪裁合身的外套、白色衬衫，及膝长裤，搭配领带或领结和高筒靴。

女性骑手的服装则经历了更大的变化。早期，她们通常穿着笨重的裙子骑马，但随着时间的推移，女性开始穿着专门为骑马设计的服装，这种服装运用了19世纪男装的裁剪方式。通常包含一件前面开口的小圆领紧身上衣，里面配一件基本款衬衫（通常是无袖的假衬胸）。骑马裙一般有长长的裙裾，女性穿着骑马裙坐在马鞍上能使裙装形成迷人的垂褶。裙子通常很长，受男装的影响，女性需要再戴顶礼帽才算完美，这些帽子通常装饰轻薄的面纱，女性骑马时面纱会随风向后优美地飘动。19世纪70年代晚期，骑马裙的臀部收紧，反映了当时流行的廓形，虽然这种骑马服装的胸部比较舒适，但是腰部通常收紧并使用鲸骨塑型。

20世纪，马术服装向现代风格过渡，功能性和舒适性更加重要。

现代马术比赛包含障碍赛、三日赛、盛装舞步，每一种比赛要求的服饰有所不同。障碍赛的骑士服有点像紧身的休闲西服，由猎装演化而来，穿起来具有绅士派头。三日赛（越野）的骑手必须穿防护背心，这种背心在肩部和腰部有搭扣，后腰有一块背板保护腰椎。盛装舞步的骑士服则最有宫廷意味，最讲究也最有仪式感。在比赛中，骑手和马匹都装扮得非常漂亮，马的皮毛被洗刷得像缎子般闪亮，马鬃还梳起别致的小辫子，骑手则身着黑色阔檐礼帽、燕尾服、白色紧身马裤、高筒马靴，身为军人和警察的骑手可以穿着职业制服。伴随着舒缓的旋律，骑手驾驭马匹完成各种连贯动作，变换着多彩多姿的舞步，无论动作多么复杂，人与马都气定神闲、风度翩翩，表现了骑乘艺术的最高境界。人着盛装、马走舞步，优雅且充满力量。

昔日的贵族运动，现在已经成为大众运动项目，马术服饰沿用传统、严谨的款式与风格来展现力与美、张力与韵律、协调与奔放，以及绅士淑女的高贵修养。图2-52~图2-75展示奥运会历年来马术项目服装的发展。

图2-52　1900年巴黎奥运会障碍赛中的法国马术运动员着装

图2-53　1912年斯德哥尔摩奥运会马术团体赛德国运动员着装

　　早期奥运会三日赛只允许军人参加，而障碍赛和盛装舞步赛则允许平民参加，军人穿军装参加马术赛事（图2-52~图2-59）。

　　20世纪早期，马术运动风靡，女性骑马时穿着夹克和裙子侧坐在马鞍上，有时会在裙子下面穿裤子。20世纪10年代中期，为了体现女性解放，女性开始穿着及膝马裤，与男士骑马服没有区别。香奈儿在这一时期受到骑马服装的启发，品牌风格趋于简约，可见骑马服装与时装会相互影响。

图2-54　1920年安特卫普奥运会马术三日赛瑞典运动员着装

图2-55　1924年巴黎奥运会英国马球运动员着装

图2-56　1932年洛杉矶奥运会马术场地障碍赛日本运动员着装

图2-57　1936年柏林奥运会马术场地障碍赛德国运动员着装

1952年，女性骑手被允许参加奥运会的马术比赛。女子参赛时也遵守马术服饰礼仪，赛马服装与男子并无差异。

图2-58　1948年伦敦奥运会马术三日赛丹麦运动员着装　　图2-59　1952年赫尔辛基奥运会马术团体跳马英国运动员着装

奥运会马术比赛的服装反映了该运动的传统和正式性，上衣、裤子、靴子、头盔、手套、领带（领结）是马术的服饰装备，以下分别介绍（图2-60、图2-61）。

图2-60　1956年墨尔本奥运会瑞典斯德哥尔摩马术比赛场盛装舞步运动员着装　　图2-61　1960年罗马奥运会马术场地障碍赛英国运动员着装

上衣：骑手通常穿着深色（如黑色、深蓝色或绿色）夹克，盛装舞步项目的着装最为正式，骑手会穿着黑色或者深蓝色的燕尾服，并在服装上增加展示个人风格的元素，如国旗、国徽等。越野赛的上衣由衬衫搭配休闲外套发展为T恤和防护背心。场地障碍赛的上衣为休闲外套（图2-62、图2-63）。

裤子：骑手穿着白色或淡色的骑马裤，这种裤子通常为紧身款式，以便在骑马时提供更好的舒适度和灵活性。

靴子：骑手穿着硬挺的高筒骑马靴，通常是黑色皮靴，以保护小腿并提供稳定性。

头盔：安全是马术比赛中的首要考虑因素。骑手必须佩戴安全标准的骑马头盔，保护头部免受跌落或意外撞击的伤害。

手套：骑手通常会佩戴手套，这有助于提高抓握动作的稳定性和舒适度，尤其在控制马匹时。盛装舞步中骑手佩戴与裤子同色的白色或者奶油色手套，场地障碍赛中佩戴黑色皮质手套。

领带或领结：在正式的项目中，盛装舞步和场地障碍赛中，男性骑手会佩戴领带或领结，女性佩戴领带、短巾等，增加整体装束的正式感。

这些服装元素不仅体现了马术运动的优雅和传统，而且也考虑到了骑手在比赛中的舒适度和安全性（图2-64~图2-75）。

马术是起源于欧洲的贵族运动，自被列入奥运会比赛项目便一直是奥运会中最昂贵的项目。现代马术仍旧是结合体育与艺术的一种运动，也是奥运会上最讲究和最优雅的运动，每一个参加马术比赛的选手都要精心设计自己的比赛着装。

马术项目着装严谨，骑手的装备除了能体现马术的历史与文化，更是一份全方位的安全保障。

图2-62　1964年东京奥运会马术场地障碍赛中的法国运动员着装

图2-63　1968年墨西哥奥运会马术场地障碍赛美国运动员着装

国际马术联合会规定，无论何时，所有选手一旦上马必须佩戴保护性头盔，正确系好头盔带；查看路线、比赛时，任何情况下都必须穿着马靴、白马裤或浅黄褐色马裤、着长袖或短袖衬衫（图2-66~图2-73）。中国运动员于2008年首次参加奥运会马术比赛（图2-72）。

图2-64　1972年慕尼黑奥运会马术盛装舞步团队项目德国运动员着装

图2-65　1976年蒙特利尔奥运会参加马术三日越野赛的英国安娜公主着装

图2-66　1984年洛杉矶奥运会个人马术三日赛美国运动员着装

图2-67　1988年汉城（现称首尔）奥运会马术盛装舞步项目德国运动员着装

图2-68　1992年巴塞罗那奥运会个人跳马项目德国运动员着装

图2-69　1996年亚特兰大奥运会三日赛马术跳跃澳大利亚运动员着装

图2-70　2000年悉尼奥运会马术三日赛英国运动员着装

图2-71　2004年雅典奥运会盛装舞步团体赛德国、西班牙、美国运动员着装

图2-72　2008年北京奥运会香港奥运马术场美国马术运动员着装

图2-73　2012年伦敦奥运会马术三项团体跳跃赛英国运动员着装

（a）马术团体跳跃赛美国、法国、德国运动员着装

（b）GIEVES&HAWKES为华天量身定制的场地
障碍骑士服

（c）GIEVES&HAWKES为华天量身定制的盛装舞步骑士燕尾服

图2-74　2016年里约热内卢奥运会马术运动员着装

奥运会是马术比赛中的顶级赛事，马术运动员的装备也来自顶级品牌。2016年里约奥运会，中国马术运动员华天的礼服来自君皇仕（GIEVES&HAWKES）（图2-74）。该品牌是顶级奢华男士西装定制品牌，以精湛的传统手工艺为特色，200多年来为英国及皇室提供服装服务，是英国皇室御用服装品牌。

四、射击

射击（Shooting）是奥运会历史上一项传统的项目，1896年第一届雅典奥运会就被列入比赛项目。在现代奥运史上，除1904年第三届奥运会

图2-75　2020年东京奥运会盛装舞步团体赛美国运动员着装

和1928年第九届奥运会外，射击在其余各届奥运会中都是正式比赛项目。射击运动的装备枪械，最初作为战场上的杀伤性武器，后来转变为捕猎野生动物的工具。当时的比赛包含步枪和手枪项目，比赛时采用实弹和传统靶纸。

随着时间的推移，射击项目逐渐扩展，增加了不同的武器类型和射击距离。包括步枪、手枪、霰弹枪等不同类别的项目。国际射击联合会（ISSF）成立于1907年，起初名为国际射击技术委员会，负责制定国际射击规则和标准。这一组织的成立标志着射击运动的国际化，射击运动的规则得到了更加详细和精确的制定，国际奥委会在历史上多次对奥运会射击比赛项目进行调整。

从奥运会历史图片资料来看，早期参加射击项目的选手穿着生活类西服套装、头戴礼帽，射击对象是活物。20世纪70年代末期，奥运射击比赛项目基本固定为四大类：步枪比赛、手枪比赛、飞碟比赛、移动靶比赛，国际射击联合会持续对奥运会射击项目进行改革。每种类型按枪支规格、射击姿势、射击距离、射击方法和目标种类的不同，又分成更多项目。

参加步枪项目的射手必须遵照国际射击联合会的规定着装，包括射击上衣、射击裤、射击鞋、射击手套和射击皮带等。比赛前需进行检查，确保着装符合规则要求。这是源于步枪项目服装的特殊性：步枪射击所穿服装一般有三层，从内到外包括紧身衣、毛衣、"皮衣"，还配有射击手套、射击鞋、耳罩、眼罩等装备。

"皮衣"是射击项目必备服装，是半布料半皮质的衣裤套装，由两层厚厚的帆布制成的，辅以皮革，每套射击服质量超过5千克。

"皮衣"分为上衣、裤子和鞋子，上衣主要用于保护运动员的腰椎和身体结构，增强枪支稳定性，提升精准度，质地需柔软，不影响动作。裤子主要用于固定身体下半身，保持稳定。鞋子质量达3千克以上，主要用于保持全身平衡，使身体不会出现前倾或后仰。射击服能很好地保护运动员的肩部、腰部和腿部，如同是气步枪运动员的盔甲，保护运动员免受枪声和枪口火焰的影响。防静电材料常用于射击服装中，以减少静电的产生；使用不反光材料，以防止阳光或灯光反射干扰运动员的视线。

手枪项目的运动员不需要特殊着装，但可以穿专用射击鞋，这种鞋稳定性好，鞋底坚硬，材质为皮革制品或纤维制品。飞碟射手的着装没有特殊要求，但双向飞碟项目的运动员必须在其射击服上佩戴国际射击联合会正式的标志带，以便裁判员观察运动员在发射的瞬间是否犯规。

图2-76~图2-92展示奥运会历年来射击项目服装的发展。

20世纪初参加奥运会射击运动的男子着装时尚（图2-76、图2-77），这一时期男装强调统一、规范、低调和优雅，追求高品质的面料，采用优质的羊毛和亚麻面料，使服装更具品位，并能显示着装者的身份和社会地位。这种着装强调裁剪的品质，考究的男士一般请英国或者其他国家的裁缝定制服装，裁剪精准合体。少量的配饰和修饰也深受欢迎，例如修剪整齐的胡须（时髦的标志性的蜡染络腮胡）、鲜花制作的佩饰和挂在缎带上的单片眼镜。得体的着装还包括合适的帽子、一双光亮的皮鞋、一根独具特色的手杖。

图2-76　1900年巴黎奥运会活鸽射击比赛澳大利亚运动员着装

19世纪90年代开始，男士西装外套和配套的裤子逐渐取代长礼服，成为新的时尚。图2-76、图2-77中运动员着装受到维多利亚女王长子——威尔士亲王爱德华七世的影响，爱德华热爱骑马和打猎运动，1889年访问德国期间，喜欢上了来自德国洪堡的毡帽，这种帽子帽顶挺括有折痕，帽檐有型，引得其他时髦男士的纷纷效仿。图2-77中左三男子穿着当时十分流行的"日间套装"，由外套、长裤和马甲组成。

图2-77　1912年斯德哥尔摩奥运会团队跑鹿射击比赛瑞典运动员着装

1920年安特卫普奥运会美国射击运动员穿着军装（图2-78），所穿裤子名为"焦特布尔马裤"，名称源于印度城市焦特布尔市，普拉塔普爵士在传统印度紧身长裤（churidar）的基础上改良而成，目的是方便骑行，这种设计在当时是革命性的。1890年第一条焦特布尔马裤在焦特布尔诞生，由厚棉斜纹布制成，这种马裤很快被印度的马球队采用，而后这种马裤被传到英国，很快在整个欧洲和美国流行开来，被用作骑马服装。20世纪初，焦特布尔裤被欧洲各军队（特别是骑马部队）采用。第二次世界大战时，更多国家的军队穿上了这种裤子，加拿大骑警至今仍在沿用这一裤型。

这一时期选手主要穿着绅士休闲套装，20世纪60年代，休闲服转变为更舒适的休闲运动服（图2-82）。

图2-78 1920年安特卫普奥运会个人军用步枪立姿射击项目美国运动员着装

图2-79 1936年柏林奥运会25米速射手枪项目德国运动员着装

图2-80 1948年伦敦奥运会速射手枪射击项目匈牙利运动员着装

图2-81 1952年赫尔辛基奥运会男子50米手枪项目瑞士运动员着装

图2-82 1964年东京奥运会射击项目日本运动员着装

图2-83 1968年墨西哥奥运会男子50米手枪射击项目运动员着装

图2-84　1972年慕尼黑奥运会
飞碟射击项目法国运动员着装

图2-85　1976年蒙特利尔奥运会50米步枪射击项目美国运动员着装

图2-86　1984年洛杉矶奥运会射
击项目运动员着装

图2-87　1996年亚特兰大奥运会女
子10米气枪项目波兰运动员着装

图2-88　2000年悉尼奥运会10米
气枪项目中国运动员着装

图2-89　2008年北京奥
运会男子飞碟射击项目
资格赛运动员着装

图2-90　2012年伦敦奥运会女子飞碟射击项目资格赛斯洛伐克运动员着装

图2-91　2016年里约热内卢奥运会50米步枪项目德国运动员着装

图2-92　2020年东京奥运会10米气枪项目中国和美国运动员着装

五、射箭

射箭（Archery）项目是一项历史悠久且技术性极强的比赛项目，是最早被纳入现代奥运会的项目之一，首次出现在1900年巴黎奥运会。射箭在1900年至1908年、1920年成为奥运会比赛项目，之后被暂时取消，直到1972年慕尼黑奥运会才恢复成常规比赛项目。

图2-93~图2-103展示奥运会历年来射箭项目服装的发展：

早期的奥运会射箭比赛的着装是日常礼服女子运动员着长袖长裙礼服，佩戴礼帽（图2-94）。需佩戴护胸、护腕，可佩戴遮光帽。

图2-93　1900年巴黎奥运会射箭　　图2-94　1908年伦敦奥运会女子射箭项目运动员着装
项目法国运动员着装

　　1972年慕尼黑奥运会恢复射箭比赛，射箭项目要求服装仪容之整齐、清洁、得体，团队统一（图2-95~图2-97）。

图2-95　1972年慕尼黑奥运会女子射箭项目运动员　　图2-96　1984年洛杉矶奥运会女子射箭项目运动员
着装　　　　　　　　　　　　　　　　　　　　　　　着装

图2-97　1988年汉城（现称首尔）奥运会射箭项目　　图2-98　1996年亚特兰大奥运会男子个人射箭项目
团体赛运动员着装　　　　　　　　　　　　　　　　　美国运动员着装

图2-99　2000年悉尼奥运会男子个人射箭项目美国运动员着装

图2-100　2008年北京奥运会女子射箭项目个人赛韩国运动员着装

图2-101　2012年伦敦奥运会男子射箭项目团体赛意大利运动员着装

图2-102 2016年里约热内卢奥运会女子射箭项目个人赛德国运动员和教练着装

图2-103 2020年东京奥运会男子射箭项目个人赛哈萨克斯坦和中国运动员着装

六、自行车

奥运会自行车（Cycling）项目是一系列包含不同类型自行车比赛项目，涵盖了多种自行车运动的形式，如公路自行车、场地自行车、山地自行车、小轮车（小轮车竞速、自由式小轮车）。自行车项目是1896年第一届雅典奥运会就存在的项目，包含公路自行车、场地自行车、山地自行车三个分项，小轮车竞速于2008年进入奥运会，自由式小轮车于2021年进入奥运会。

19世纪90年代，欧洲盛行一股"骑行热"，作为一项享受乡村美景的方式，这项发明得到了广泛的提倡，骑行成为一项新潮的娱乐活动，而当时的女性并没有适合骑行的服装，她们日常穿着端庄的长裙，戴着礼帽，而自行车这一运动的盛行，促使女性端庄优雅的着装标准发生变革。许多女性骑自行车时穿着定制的外套和长度在脚踝的裙子以及系带的靴子，更大胆的女性则穿上灯笼裤，这是服饰改革理念的第一次运用，成为一种新潮，当时极具影响力的时尚杂志对此进行报道，1897年，波士顿的某百货商店隆重推出以第一次穿着的女性命名的"安娜·海德骑行套装"。

1896年的杂志上展示了"自行车腰链"，这种腰链固定在车把手上，可以存放卡片盒、香水瓶、针线包、手帕收纳格和其他女性旅行中可能会携带的物品。女性骑自行车的形象融入主流文化，为速度、自由和现代化现代自行车项目的到来奠定基础（图2-104）。

现代自行车项目的服装是为了提高运动员在比赛中的成绩和安全性而设计的，这些服装需要满足速度、舒适性、透气性以及安全性等方面的需求。奥运会自行车赛中不同项目的服装性能需求也有所区别。

自行车项目的服装通常使用轻质、透气且排汗的材料，以保持运动员在比赛中的舒适和干爽。除了山地自行车和小轮车外，大多数自行车赛事服装都采用紧身设计，以减少空气阻力。所有项目的服装都注重运动员的安全，头盔的使用在所有自行车项目中都是必备的。

公路自行车：更注重空气动力学，使用超紧身的设计，衬垫短裤可为骑手长时间的骑行提供舒适，专业骑行鞋可以与脚踏板相锁定。

场地自行车：采用紧身服装能获得最大的空气动力学效益，短时间内高强度比赛的特性，使短裤的衬垫不像公路自行车那样厚重，头盔通常为流线型，以减少空气阻力。

山地自行车：采用更宽松、耐用的服装，以适应崎岖的赛道和提供保护，全覆盖头盔和护目镜可以防止树枝等障碍物造成伤害，鞋子通常具有更好的抓地力，适应不平坦的地面。

（a）100公里自行车项目运动员着装

（b）自行车项目法国运动员着装

图2-104 1896年雅典奥运会自行车项目运动员着装

小轮车：服装通常更为宽松和耐用，可保护运动员免受摔跤和碰撞的伤害，长袖上衣和长裤提供额外的保护，专用鞋可以强化踏板抓地力。

早期的骑行服几乎都是羊毛制品，虽然厚重不透气，但羊毛的吸湿排汗能力比棉好。这时期的骑行服多为长袖，除了胸前和背后配有口袋，几乎没有其他设计元素（图2-105~图2-107）。

随着20世纪30~40年代职业赛事的发展，色彩开始出现（图2-108、图2-109）。随着涤纶、氨纶和锦纶等人造纤维的发明，骑行服的面料也丰富起来，但在很长一段时间里，人造纤维遭到很多骑手的抵制。化纤于1950年被引入骑行服领域，化纤骑行服更轻、更透气的性能使骑行更舒适。

图2-105　1908年伦敦奥运会自行车项目英国运动员着装

图2-106　1912年斯德哥尔摩奥运会自行车项目南非运动员着装

图2-107　1920年安特卫普奥运会男子2000米自行车项目英国运动员着装

图2-108　1932年洛杉矶奥运会自行车项目英国运动员着装

图2-109　1936年柏林奥运会男子4000米团队追逐赛法国运动员着装

　　20世纪40年代，头盔出现在自行车项目中，一位头部受伤的骑手佩戴头盔来保护头部，但并没有引起流行。1975年Bell品牌发布世界上首款自行车头盔，但由于缺少通风孔，佩戴时感觉闷热，未能引起骑手的兴趣，骑手仍佩戴布帽或者发带，既为了阻隔汗水，也为了增加辨识度（图2-110~图2-114）。20世纪80年代的奥运会中，骑手都佩戴了专业头盔（图2-115）。1983年Bell推出的新款头盔马上受到市场追捧，说明自行车头盔已被大众接受，之后自行车头盔也越来越专业。

图2-110　1948年伦敦奥运会2000米双人自行车项目英国运动员着装

图2-111　1964年东京奥运会男子个人公路赛运动员着装

图2-112　1968年墨西哥奥运会男子团队公路赛法国运动员着装

图2-113　1972年慕尼黑奥运会男子双人自行车比赛运动员着装

图2-114 1976年蒙特利尔奥运会男子个人追逐赛丹麦、波兰、德国运动员着装

图2-115 1980年莫斯科奥运会男子个人公路赛运动员着装

1984年的紧身连体服（图2-116），标志着骑行服开始现代化进程。这个时期开创性的热升华和热转印技术更容易地将颜色和图案印刷在骑行服上（图2-117）。在此之前，所有图案都是通过丝网印刷或刺绣完成的。骑行裤也更为舒适，海绵作为填充物使用在骑行裤的衬垫中。此时自行车运动已经风靡欧洲大陆，相关配套产业也相对完善。

90年代，骑行服在功能性之外涌现出丰富的设计，各式各样的配色和图案出现，自行车明星的个性化审美促进了服装的多样化设计，美感成为骑行服的重要功能（图2-118、图2-119）。

2000年开始，骑行服科技迅猛发展，从设计、结构、面料、剪裁等方面入手，致力于创造出更符合特定使用场景和使用者的高性能骑行服（图2-120~图2-122）。选手们对骑行服的重量、透气程度、风阻、身体贴合度、舒适度都提出了更高的要求。极度的身体

图2-116　1984年洛杉矶奥运会男子自行车计时赛美国运动员着装

图2-117　1988年汉城（现称首尔）奥运会男子100公里团队计时赛法国运动员着装

图2-118　1992年巴塞罗那奥运会男子追逐赛英国运动员着装

图2-119　1996年亚特兰大奥运会男子自行车团队追逐赛法国运动员着装

图2-120　2000年悉尼奥运会男子场地自行车比利时、澳大利亚、意大利运动员着装

贴合度可以达到最佳的空气动力性能，顶级赛事选手也对骑行服追求极致，2010年至今，骑行服产品开始出现细分以应对更多样的使用场景和使用需求。

图2-121 2008年北京奥运会小轮车赛场小轮车保护装备

图2-122 2008年北京奥运会小轮车比赛不同国家的运动员着装

如今，具有良好气动性能和透气性能的头盔不断被开发，不同密度聚苯乙烯（EPS）泡沫的应用、凯夫拉头盔骨架的尝试、空气动力学的优化、防护系统的革新，甚至现在一些品牌推出的ANGi传感器报警系统，皆是为了给骑行者提供更安全、舒适的装备（图2-123、图2-124）。

图2-123 2012年伦敦奥运会女子短跑自行车赛澳大利亚和英国运动员着装

图2-124 2020年东京奥运会男子自行车赛英国运动员着装

七、现代五项

现代五项（Modern Pentathlon）是一项集合了击剑、游泳、马术障碍赛、射击和跑步五个项目的综合性体育比赛。它在奥运会中的地位独特，被设计为测试运动员多方面技能和体能的比赛项目。现代五项于1912年进入奥运会，而女子现代五项在2000年悉尼奥运会首次成为正式比赛项目

五个项目源于19世纪末的欧洲认为理想中的军官应该掌握的五种技能：剑术、游泳、骑术、射击和跑步，其独特性体现了顾拜旦关于体育全面发展的理念。现代五项加入奥运会之初，参与者主要是军人，但随着时间的推移，它向所有运动员开放。比赛形式在几十年间经历了多次改变，重要的一项改变是2000年悉尼奥运会，射击和跑步两个项目合并

为一个名为"激光跑"的项目。

现代五项的服装包含击剑、游泳、骑术、射击和跑步（射击和跑步现已合并）几个项目的服装，早期的参赛选手需要准备五套项目的服装装备，2000年后则只需要准备四套。现代五项中的五个项目在奥运会中都有单独的专项比赛，虽然他们的比赛设置、规则、场地不同，但所穿的服装是相同的。

图2-125~图2-138展示奥运会历年来现代五项包括击剑、游泳、骑术、射击和跑步几个项目的服装发展。

图2-125　1912年斯德哥尔摩奥运会美国运动员获十项全能和五项全能金牌运动员着装

图2-126　1936年柏林奥运会美国现代五项运动员着装

图2-127　1948年伦敦奥运会现代五项射击比赛瑞士运动员着装

图2-128　1964年东京奥运会现代五项击剑比赛日本和美国运动员着装

图2-129　1972年慕尼黑奥运会女子五项全能比赛运动员着装

图2-130 1980年莫斯科奥运会女子五项全能100米栏运动员着装

图2-131 1984年洛杉矶奥运会现代五项马术比赛运动员着装

图2-132 1988年汉城（现称首尔）奥运会美国现代五项运动员和他的装备

图2-133 2000年悉尼奥运会女子现代五项击剑比赛英国运动员着装

图2-134 2004年雅典奥运会现代五项男子游泳比赛运动员着装

图2-135　2008年北京奥运会女子现代五项300米跑步运动员着装

　　2008年，现代五项进行了项目改革，将射击和长跑两个项目交替进行，更名为"激光跑（Laser-Run）"，这一改革旨在提高现代五项的观赏性和吸引力，同时利用更现代的技术，将传统气枪射击改为激光枪，这一改革使射击项目更加安全和环保（图2-136）。

图2-136　2012年伦敦奥运会女子现代五项运动员着装

图2-137　2016年里约热内卢奥运会男子现代五项射击比赛运动员着装

图2-138　2020年东京奥运会现代五项个人激光跑项目运动员着装

八、铁人三项

奥运会铁人三项（Triathlon）结合了游泳、自行车和长跑的综合性耐力赛事。这个项目起源于20世纪初的法国，20世纪70年代在美国流行，铁人三项首次作为奥运项目出现在2000年悉尼奥运会。

铁人三项赛的服装（Trisuit）通常是一体式的，以适应三种不同类型的运动，确保运动员在三项运动间快速转换时无须更换服装。Trisuit使用轻质、快干的合成纤维，如聚酯或者尼龙，可以在游泳后快速干燥，减少运动员在自行车和跑步阶段的不适感。Trisuit通常为紧身设计，减少水和风的阻力，提高游泳和骑行时的速度和效率。

除此之外，Trisuit还需要有良好的透气性，以帮助调节体温，并在长时间的比赛中保持舒适，减少摩擦和对皮肤的刺激，特别是在跑步和骑行阶段。为了在自行车阶段提供额外的舒适性，Trisuit在臀部区域会有一层薄垫，这个垫子足够提供骑行时所需要的舒适性，同时又不会在跑步时造成不便。Trisuit通常设计有鲜明的颜色和图案，利于裁判和观众区分运动员，也提升了视觉效果。

图2-139~图2-144展示铁人三项赛奥运会历年来服装的发展人。

图2-139　2000年悉尼奥运会铁人三项运动员着装

图2-140　2004年雅典奥运会铁人三项运动员着装

图2-141　2008年北京奥运会铁人三项运动员着装

图2-142　2012年伦敦奥运会女子铁人三项运动员着装

图2-143　2016年里约热内卢奥运会女子铁人三项运动员着装

图2-144　2020年东京奥运会铁人三项英国运动员着装

九、攀岩

　　奥运会攀岩（Rock Climb-ing）项目相对新颖，它在2020年东京奥运会上成为正式比赛项目。攀岩项目的加入标志着奥林匹克运动对新兴和现代运动项目的开放和接纳。攀岩作为一项竞技运动起源于20世纪的欧洲，20世纪70年代以来，全球各地开始举办攀岩比赛，奥运会攀岩项目包括三大项：速度攀登、难度攀登和攀石（又称抱石）。运动员在这三个项目中的表现被综合起来决定最终排名。攀岩在2024年巴黎奥运会中将调整赛事形式，速度攀登将成为独立的项目。

　　奥运会攀岩项目的服装通常具备紧身、轻便、透气的特点，还需要具备良好的弹性和耐磨性，这有助于减少衣物与攀岩墙之间的摩擦，并提供更大的活动自由度，保持运动员在高强度活动中的凉爽舒适，抵抗攀爬过程中的磨损。另外，运动员还需要配备适当的安全装备，如攀岩鞋和安全带。攀岩鞋是非常重要的装备，它们通常有着平滑的橡胶底部，以便于在攀岩墙上获得良好的抓地力（图2-145）。

　　在奥运会等国际比赛中，运动员的服装还具备标识性，以代表其所属国家。

（a）奥地利运动员

（b）南非和韩国运动员

（c）美国运动员

图2-145　2020年东京奥运会攀岩资格赛中的各国运动员着装

第二节 团队运动类服装

　　是指需要多个运动员相互合作、共同参与，以团队进行比赛和竞争的体育活动。奥运会的团队运动项目包括网球、足球、曲棍球、篮球、手球、排球、乒乓球、羽毛球、橄榄球等球类运动。奥运会团队运动装（Team Sports Uniforms）是指专为这些团队运动项目设计的专业服装，这些服装旨在满足特定运动项目的需求，除了提供必要的功能性、安全性、舒适性，还具备标识性和标准化特征。

一、网球

　　网球（Tennis）是最早出现在奥运会中的球类运动，1896年第一届雅典奥运会就设立了网球比赛，但因为组织问题未能举行，而是在1900年巴黎奥运会中正式亮相，包含男、女单打和双打赛事（图2-146）。

　　此时网球属于贵族运动，且本次奥运会没有统一的比赛服装，选手们穿着日常礼服参加比赛，这一时期女性网球运动员穿着长及脚踝的白色连衣裙，袖子也长到包住手腕，佩戴礼帽，形象非常优雅，男性选手穿着时尚的休闲西服套装。1912年斯德哥尔摩奥运会，选手们的着装变为短袖搭配长裙，代表着比赛服装的进步（图2-147）。1920年安特卫普奥运会，伟大的网球运动员苏珊·朗格伦开始穿着短袖配百褶裙，并着短袜（图2-148）。1924年巴黎奥运会后，由于职业主义和业余主义的争议，网球从奥运项目中被取消，此后，网球在奥运会中缺席了数十年。

　　1984年洛杉矶奥运会上，网球作为展示项目回归，1988年汉城（现称首尔）奥运会上网球作为正式比赛项目重返奥运赛场，包括男女单打和双打项目。自1988年以来，网球项目在奥运会中地位稳固，成为夏季奥运会中的重要项目之一。运动员的身份限制逐渐放宽，允许职业选手参赛。2012年伦敦奥运会新增了网球混合双打项目。

图2-146　1900年巴黎奥运会网球运动员着装

（a）女子单打法国和瑞典运动员　　　　　　　　　　（b）男子双打南非运动员

图2-147　1912年斯德哥尔摩奥运会网球运动员着装

（a）英国女子网球运动员　　　　　　　　　　　　（b）法国女子网球运动员苏珊·朗
格伦

图2-148　1920年安特卫普奥运会网球运动员着装

　　这一时期的网坛是属于苏珊·朗格伦的时代，她不光展现了惊人的网球竞技水平，还用自己的装束和风格打开了网球世界女性解放的大门。当她的对手拖着笨重长裙，与空气阻力和地面摩擦做斗争时，苏珊·朗格伦穿着无袖上衣、长及小腿的百褶裙，轻盈地在球场上驰骋。她的着装和她的运动成绩一样被人们津津乐道，同时引起了时尚界的追捧，20世纪20~30年代最有影响力的服装设计师之一让·巴杜赞叹她所代表的运动气质，专门为苏珊·朗格伦定制比赛服装和时装，这也引起了知名媒体的关注与推广，普通人也纷纷效仿其时髦的造型和运动休闲的着装，"苏珊·朗格伦"成为一种风格和精神，甚至她比赛时戴的"丝绸头巾"也是一种"苏珊·朗格伦"。香奈尔女士担任芭蕾舞剧《蓝色列车》服装设计师时，以"苏珊·朗格伦"为灵感创造舞剧服装，展示上层人士参与体育运动的场景，那个时期许多服装设计师都以运动为灵感。"一夜之间，巴黎四分之三的时尚都来源于运动了。"

网球项目1988年恢复为奥运会正式比赛项目后，网球女选手们的着装有了很大进步，逐渐朝着轻便舒适、性感的方向变化（图2-149）。

根据网球运动服装的历史发展特点，可划分为三个历史阶段：

传统时期（网球运动出现至20世纪初）：这个时期的网球是宫廷中的贵族的娱乐消遣项目，网球比赛只是在场地上进行简单的击球，很少进行跑跳，旨在展现男子的绅士风度和女子的淑女形象。运动服装主要由布、棉、麻等

（a）苏联运动员　　　　　　　　（b）保加利亚运动员

图2-149　1988年汉城（现称首尔）奥运会女子网球运动员着装

制成，体积大且重量大，女性运动员在网球比赛中着装几乎都是高领、束口长袖、长裙，脚穿长筒袜，头戴礼帽，这种着装在网球比赛中极度束缚（图2-146~图2-148）。

过渡时期（1920—1990年）：第一次世界大战以后，人们重视科学技术的发展，思想也在不断地变化，社会对女子服装的保守态度有了一些转变。1924—1984年网球运动虽然退出了奥运会的舞台，但并没有停滞不前，反而在温网等各大公开赛中蓬勃发展，网球服装也呈现出日新月异、精彩绝伦的变化。长筒袜和礼帽退出，POLO衫、短裤、短裙等运用于比赛中，女运动员的服装越来越开化、时尚，面料更薄、裙子更短、领型和颜色更丰富（图2-149）。

多元化时期（1990年至今）：20世纪90年代以来，各大体育品牌对网球运动专业服装的进行开发，在款式上丰富多样，镂空、蕾丝、吊带衫、露脐装、网眼袜等元素出现在女装中，开创了网球服装的新纪元。随着科技发展，防紫外线、导汗、排湿、速干等功能性面料成为这一时期网球服装面料的主要需求，款式也更加多样化、生活化，既可以帮助运动员提高比赛成绩，又可以彰显个性（图2-150~图2-157）。

（a）女子单打　　　　　　　　　　　　　（b）男子双打

图2-150　1992年巴塞罗那奥运会网球运动员着装

图2-151　1996年亚特兰大奥运男子双打网球比赛英国和澳大利亚运动员着装

图2-152　2000年悉尼奥运会美国女子网球运动员着装

（a）比利时运动员

（b）法国运动员

图2-153　2004年雅典奥运会女子单打运动员着装

（a）男子单打塞尔维亚运动员　　　　　　　　　　（b）女子单打美国运动员

图2-154　2008年北京奥运会网球运动员着装

（a）女子单打白俄罗斯运动员　　　　　　　　　　（b）男子单打瑞士运动员

图2-155　2012年伦敦奥运会网球运动员着装

（a）波多黎各运动员　　　　　　　　　　　　（b）德国运动员

图2-156　2016年里约热内卢奥运会女子单打网球运动员着装

图2-157　2020年东京奥运会女子单打网球赛乌克兰运动员着装

二、足球

1900年第二届巴黎奥运会上，足球（Football）作为非正式比赛项目出现。1908年第四届伦敦奥运会上，足球成为正式比赛项目。除去因为经济大萧条和组织联盟内部分歧原因造成的1932年洛杉矶第十届奥运会足球比赛项目缺席，其他届夏奥会中，足球都是正式比赛项目。

足球比赛服装具有以下特点。

轻便透气：通常由轻便、透气的材料制成，如聚酯或混合纤维，以确保运动员在比赛中保持凉爽和舒适。

吸湿排汗：服装具有良好的吸湿排汗能力，使运动员保持干燥，减少比赛时的不适感。

紧身设计：现代足球服装通常采用紧身设计，可以减少空气阻力，提高运动员在场上的灵活性和速度。

耐用性：足球运动比较剧烈，比赛服装需要足够坚固耐磨，以抵御比赛中的拉扯和摩擦。

队徽和赞助商标志：球衣通常印有球队的队徽和赞助商的标志，这是球队身份和商业利益的重要体现。

颜色和图案：足球队服颜色鲜明，图案独特，有助于在比赛中快速识别队友。

配饰：除了球衣，还包括与球衣颜色和设计相匹配的短裤、袜子，以及为保护而设计的护具，如护腿板。这些特点共同确保足球运动员在比赛中最好发挥，同时也代表了他们所属球队的形象和品牌。

图2-158~图2-175显示历届奥运会中不同国家足球队的着装情况。

图2-158　1908年伦敦奥运会冠军英国队着装

图2-159　1912年斯德哥尔摩奥运会足球比赛俄罗斯队着装

　　足球运动服装的发展史与足球项目本身一样精彩。现代足球运动在19世纪60年代开始有了第一套规则，也是现代足球比赛的开端。此时的足球参与者都是业余的，裁判和球员都没有专门的服装，穿着随意。19世纪末20世纪初，一些至今影响力巨大的足球俱乐部成立，当时球衣的颜色代表通常是体现队员所属学校或者组织，是区分队伍的方式，然而产生了流传至今的经典颜色。这一时期的足球规则不断变化，而球队也总是在尝试新鲜事物，比如护腿板和钉靴的创新和裤子长度的转换，足球裤在这个时期由长裤变为短裤（图2-158、图2-159）。

图2-160　1920年安特卫普奥运会足球比赛法国队着装

图2-161　1924年巴黎奥运会足球比赛法国队着装

20世纪20年代，球队号码引入，守门员球衣出现，"客场球衣"诞生，20世纪30年代，护腿板、短裤、号码、足球鞋和队服颜色已成型。然而足球服装的革新一直在进行：第二次世界大战后，随着新型面料的推出，宽松的足球制服逐渐被紧身T恤和越来越短的短裤取代。这一时期的足球服装体现着足球运动的纯粹，设计精美简洁，留下了足球史上很多珍贵瞬间（图2-160~图2-164）。

图2-162　1928年阿姆斯特丹奥运会足球比赛土耳其队着装

图2-163　1948年伦敦奥运会足球比赛颁奖典礼瑞典、南斯拉夫、丹麦队运动员着装

图2-164　1964年东京奥运会足球比赛匈牙利、捷克斯洛伐克和德国队着装

　　20世纪70年代，随着彩色电视转播出现，传播方式革新，巴西著名的黄绿蓝三色球衣的色彩点亮了全世界，开启了"复制球衣"的商品化道路，这也是足球商业化的开端，赞助和广告为球衣带来了新的革命，商标成了球衣的重要部分，成就了足球服装全新的美学特征（图2-163~图2-166）。

图2-165　1976年蒙特利尔奥运会足球比赛波兰和联邦德国队着装

图2-166 1984年洛杉矶奥运会足球比赛法国、巴西、意大利队着装

20世纪90年代，球衣上首次出现球员的名字。1988年，奥运会足球服装全部由阿迪达斯（adidas）品牌提供（图2-167），1996年，adidas、Nike品牌均有出现，自2000年悉尼奥运会开始，adidas、PUMA、茵宝、卡帕（Kappa）、冠军（Champion）等众多品牌在足球比赛运动中争奇斗艳。

时尚趋势也在足球服装中轮回。20世纪90年代，足球服装回归宽松的款式，古怪、抽象、色彩斑斓的设计被人们接受。随着21世纪数字时代的到来，足球服装的设计总体上变得更加简约，转向流畅、现代的设计理念。近年来，复古趋势又在足球服流行，足球服装已然走向时尚，进入潮流的世界（图2-168~图2-175）。

图2-167 1988年汉城（现称首尔）奥运会足球比赛中国队和联邦德国队着装

图2-168 1992年巴塞罗拉奥运会加纳队和澳大利亚队着装

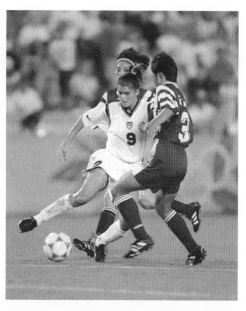

图2-169 1996年亚特兰大奥运会女子足球锦标赛美国队和中国队着装

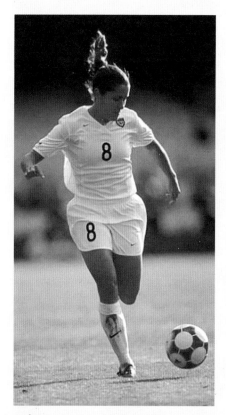

图2-170 2000年悉尼奥运会女子足球比赛美国队着装

（a）意大利队和伊拉克队

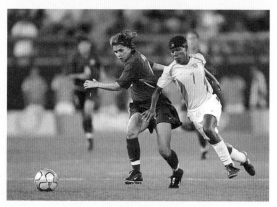

（b）美国队和巴西队

图2-171 2004年雅典奥运会足球比赛运动员着装

图2-172　2008年北京奥运会足球赛阿根廷队着装

图2-173　2012年伦敦奥运会男子足球决赛巴西队和墨西哥队着装

图2-174　2016年里约热内卢奥运会男子足球决赛巴西队着装

三、曲棍球

现代曲棍球（Field Hockey）运动起源于19世纪初的英国。当时，该运动主要在英国和其他一些英联邦国家流行。曲棍球首次作为奥运项目出现在1908年伦敦奥运会上，在1920年安特卫普奥运会后被暂时取消，1928年阿姆斯特丹奥运会时重

图2-175　2020年东京奥运会男子足球赛巴西队着装

新加入，此后成为奥运会常规项目。女子曲棍球在1980年莫斯科奥运会被纳入，此前奥运会曲棍球比赛仅限男性参加。随着时间的推移，曲棍球的规则和技术也在不断发展和改进，如引入合成材料曲棍球棒和水性人工草皮场地等。

　　20世纪初，曲棍球运动员的着装比较传统，通常包括短裤、棉质长袖衬衫和硬底鞋，并在长筒袜中套入护腿板，这种着装与早期的足球运动服装如出一辙（图2-176~图2-181）。

图2-176　1908年伦敦奥运会曲棍球赛英国队着装

图2-177　1928年阿姆斯特丹奥运会印度和荷兰曲棍球队着装

图2-178　1932年洛杉矶奥运会曲棍球比赛印度队着装

（a）印度曲棍球队

（b）日本和丹麦曲棍球队

图2-179　1936年柏林奥运会曲棍球比赛各国着装

图2-180　1948年伦敦夏奥会印度
锡克教曲棍球队着装

图2-181　1952年芬兰赫尔辛基奥运会印度队曲棍球队着装

　　20世纪60年代开始，弹性面料使用在曲棍球运动队服中，服装款式出现了一些变化，为运动POLO短袖衫、圆领短袖衫搭配短裤（短裤的裤长之前更短），护腿、护腕、头带等配饰的搭配更为完整（图2-182~图2-188）。

图2-182　1960年罗马奥运会曲棍球比赛荷兰和新西兰队着装

图2-183　1964年东京奥运会曲棍球比赛日本澳大利亚队着装

图2-184　1968年墨西哥奥运会曲棍球比赛西班牙和印度队着装

图2-185　1972年慕尼黑奥运会曲棍球比赛新西兰和墨西哥队着装

图2-186　1976年蒙特利尔奥运会曲棍球比赛巴基斯坦和联邦德国队着装

图2-187　1980年莫斯科奥运会曲棍球比赛印度队与西班牙队着装

1980年莫斯科奥运会增加了女子曲棍球比赛，最初女子曲棍球队着装采用运动衫和裤裙款式（图2-189），1992年巴塞罗那奥运会曲棍球比赛中出现运动衫加百褶裙的队服，其外形更加美观（图2-190），但很快就统一调整为无袖T恤与裤裙的造型，行动更加便捷，胳膊不会受其袖隆的约束（图2-191~图2-197）。2008年北京奥运会上，国家女子曲棍球队获得亚军，取得了中国曲棍球运动史上的最好成绩，其队服采用鲜艳夺目的国旗配色（图2-194）。

图2-188　1984年洛杉矶奥运会曲棍球比赛英国队守门员着装

现代曲棍球比赛要求上场队员不得穿有铁钉的鞋或佩戴对其他队员可能造成危险的物品，且必须戴护腿板；守门员应佩戴头盔、护脚、护腿、护身、护手以及保护上臂和肘部的护具。守门员应在护身外穿着颜色有别于本队及对方队员的上装，

图2-189　1988年汉城（现称首尔）奥运会曲棍球比赛澳大利亚和韩国女子曲棍球队着装

除非在主罚点球（不是防守点球）时，否则必须佩戴保护性能良好的头盔，这种头盔为整个面部提供固定的保护，并能遮盖整个头部。

护身、护腿、护脚、护手以及保护大腿、上臂和肘部的器具只准守门员使用，具体要求如下。

（1）护腿、护脚和护手：不得有坚硬的边缘或突出物。

（2）护腿：戴在守门员腿上时，最大宽度为300毫米。

（3）护手：正面朝上平放时，最大宽度为228毫米，从底部到顶端的最大长度为355毫米，不得有使守门员不握球棍时球棍仍能连在护手上的附加物。

（4）不得在允许的器具外穿戴附加的服装或器具，或穿戴使身体或保护区域人为增大的服装或器具。

所以在曲棍球比赛中，守门员的服装装备最为复杂（图2-188）。

总体来看，曲棍球在奥运会上的发展反映了这项运动规则和技术的演变，以及运动装备的现代化进程。随着时间的推进，曲棍球已经从一项相对地域性的运动发展成为全球范围内受欢迎的奥运会项目。

图2-190 1992年巴塞罗那奥运会曲棍球比赛德国队与英国队着装

图2-191 1996年亚特兰大奥运会曲棍球比赛澳大利亚与西班牙队着装

图2-192 2000年悉尼奥运会曲棍球比赛澳大利亚队着装

图2-193 2004年雅典奥运会曲棍球比赛中国队和阿根廷队着装

图2-194 2008年北京奥运会曲棍球比赛中国队和南非队着装

图2-195　2012年伦敦奥运会曲棍球比赛荷兰队与新西兰队着装

图2-196　2016年里约热内卢奥运会曲棍球比赛澳大利亚队和日本队着装

图2-197　2020年东京奥运会曲棍球比赛爱尔兰队着装

四、篮球

篮球（Basketball）运动诞生于1891年的美国马萨诸塞州斯普林菲尔德市，它是由体育教师詹姆斯·奈史密斯设计出来的室内游戏活动，目的是弥补冬季室内体育项目的不足，设计之初是投篮游戏。随着《青年会篮球规则》的编写，篮球运动的规则和场地设施如篮板、篮圈和篮网越来越规范化，法国、中国、英国、巴西、捷克斯洛伐克、加拿大、墨西哥等国家相继引入该运动。

1904年，第三届圣路易斯奥运会上首次进行了篮球表演赛，使篮球运动在社会、学校范围内得到广泛推广。1908年，美国制定《高等学校体育协会篮球规则》，充实了规则内容，随后在世界范围内推行。20世纪30年代后，篮球运动迅速在世界各国推广发展，国际性篮球组织成立，技战术均有一定程度的创新。1930年，南美洲男子篮球锦标赛举行，这是世界范围内的第一次洲际篮球赛。1932年，国际业余篮球联合会（国际篮球联合会FIBA的前身）宣告成立。1936年柏林奥运会篮球被列为正式比赛项目，1976年蒙特利尔奥运会女子篮球被列入正式项目。

从篮球诞生之初到现在，篮球服装（球衣）发生了翻天覆地的变化。最早的篮球球衣遵循球员的个人意愿，穿着随意（图2-198），导致在比赛中经常出现把球传给对手的现象，为了杜绝这种现象的发生，组织者（主要是大学学生会和工会）制作了标准化和可辨识的篮球制服（图2-199）。

图2-198　早期的篮球服

图2-199　统一后的篮球服

随着篮球运动越来越受欢迎，更多人参与到这项运动中。1920年，篮球职业联赛诞生，比赛规则、场地、球衣不再是千变万化，而是逐渐趋向统一，第一套规范的篮球球衣也随之诞生（图2-200）。这套篮球衣上身是羊毛针织运动衫，下身是棉布加衬的短裤，球衣上印有队名，短裤的制式是仿照足球和橄榄球裤的设计。

19世纪40年代中期，人工合成材料大范围应用于服装中，其中也包括篮球球衣。到了19世纪60年代，球衣上可以出现球员的名字，同时各球队为保证球衣的统一性，开始使用同一家厂商生产的球服（图2-201~图2-208）。80年代初，MacGregor Sand-Knit公司开始使用棉涤混合材料并逐步停止使用"缎制短裤"，他们的球衣采用网眼设计，排汗能力提高。但这个阶段球衣都为标准尺码。

图2-200　第一套规范化的篮球球衣

1984年，随着大卫·斯特恩接任NBA总裁和"飞人"乔丹先后加盟美国职业篮球联赛（NBA），让这个单纯依靠票房收入的体育联盟，变成市场国际化、产品多元化的体育市场和娱乐组织。随着商业化的进程，联盟的球衣供应商推出"个性化定制"服务。篮球之神乔丹开始穿着加长短裤和宽松的球服，其他球员也跟着模仿。80年代后期，球衣也变得更加宽松，球裤也加长了不少，球队LOGO也在1986年加入队服中（图2-209~图2-210）。

1989年，冠军公司成为联盟独家球衣供应商后，各个球队的球衣图案和样式有了更多变化。奥兰多魔术和夏洛特黄蜂在自己的球衣上加入了竖条图案，费城76人队也在球服中添加了一排扇形的五角星标志。1997年，Nike和斯迪欧（Starter）公司也加入球衣生产行列，运用斜纹多层编织工艺编织球队标志和球员号码，减轻球衣的重量，增强了透气性。创新技术还包括"引入宽肩设计"和"提高材质柔软度"等（图2-211、图2-212）。

随着篮球运动不断发展，球衣不但在材料上不断创新，也和时尚圈产生了联系。魔术队聘请纽约艺术设计巨匠简·巴恩斯对其球衣进行了设计，一颗大大的星星，替代了字母"A"，镶嵌在"Magic"(魔术)字样中间，若干颗小星星点缀左右，几根细纹条漫垂其间，魔术队球衣瞬间显得"高端大气上档次"。

2006年，阿迪达斯公司接手NBA球衣后，为NBA和各支球队在主客、二客球衣之外推出多种主题球衣，多版本比赛球衣的使用达到了顶峰，在球衣内穿着的"紧身衣"也受到了球员的欢迎。2013年，金州勇士队公布了其将在未来主场比赛中穿着的首个"现代短袖"版队服。阿迪达斯生产的超轻、弹性好、透气面料，能大幅度运动提供最大限度支持。2014年，短袖球衣开始统治整个联盟。

以下以美国篮球队为例，展示奥运会中篮球服装变化历史（图2-201~图2-219）。

　　1936年柏林奥运会，篮球运动项目第一次加入奥运会，在德国泥泞的户外篮球场举行，比赛场地简陋，最初的服装非常基础，与田径服相似，为紧身球衣和带有腰带的缎面短裤。

　　1948年，美国篮球服装是相对简单的设计，球衣和短裤上有美国队徽标志，胸前突出显示号码（图2-201）。

　　1952年，首次在球衣胸前添加"USA"字体，开始出现混搭球衣和短裤颜色的设计（图2-202）。

　　1956年，美国篮球队球衣回归简约风格，去掉了"USA"字样，只在胸前显示号码（图2-203）。

图2-201　1948年伦敦奥运会美国篮球队队服

图2-202　1952年赫尔辛基伦敦奥运会美国篮球队队服

图2-203　1956年墨尔本奥运会美国篮球队队服

　　1960年，球衣仍然是简约风的设计，与上届款式基本相同，只是重新添加了"USA"字样（图2-204）。

　　1964年，球衣与以往相比变化较小，只是去掉了"USA"字样中的句点和短裤上的队徽（图2-205）。

图2-204　1960年罗马奥运会美国　图2-205　1964年东京奥运会美国篮球队队服
篮球队队服

　　1968年球衣上的"USA"字体和数字采用红色带蓝色边框的设计，短裤条纹和队徽标志也有更新（图2-206）。

　　1972年"USA"字样变为无衬线字体，去掉了短裤上的队徽（图2-207）。

　　1976年蓝色队服出现，以红白色条纹为装饰（图2-208）。

　　1984年首次出现红色球衣，条纹和"USA"字样加粗（图2-209）。

　　1988年，球衣配色与上届基本一致，但主题色由红色变为白色，款式基本没有变化（图2-210）。

图2-206　1968年墨西哥奥运会美国篮球队队服　　图2-207　1972年慕尼黑奥运会美国篮球队队服

图2-208　1976年慕尼黑奥运会美国篮球队队服

图2-209　1984年洛杉矶奥运会美国篮球队队服

图2-210　1988年汉城（现称首尔）奥运会美国篮球队队服

　　1992年首次使用官方美国篮球队徽，被认为是现代经典设计（图2-211）。

　　1996年的设计是"90年代风格"的极致体现，使用风格化的"USA"字样和数字，以及条纹和星形图案的组合（图2-212）。

　　2000年，回归简约设计，条纹和星形的设计被缩减（图2-213）。

　　2004年，锐步（Reebok）替代冠军（Champion）成为美国篮球队队服供应商，但款式变化不大，但球队在队服轮换中增加了一件红色球衣（图2-214）。

　　2008年耐克（Nike）开始为美国男篮提供制服，变换的"USA"字样和球衣背面的半透明设计是亮点，国旗图案开始出现在队服上（图2-215）。

　　2012年的变化体现在色彩及细节方面，如衣领的拼色设计取消，"USA"字样、数字字体和条纹图案都有变化（图2-216）。

图2-211　1992年巴塞罗那奥运会美国篮球队队服

图2-212　1996亚特兰大奥运会美国篮球队队服

图2-213　2000年悉尼奥运会美国篮球队队服

图2-214　2004年雅典奥运会美国篮球队队服

图2-215　2008年北京奥运会美国篮球队队服

图2-216　2012年伦敦奥运会美国篮球队队服

2016年较上一届的款式变化主要是队服肩宽的改变以及色彩、装饰线条的变化（图2-217）。

2020年为简约的白色套装，胸前有创新的拼色设计，袖口及侧缝有简洁的线条设计（图2-218）。

奥运会篮球服装的变迁之路反映了技术、时尚趋势和篮球运动本身的演变。早期的篮球服装较为简单和保守，主要是棉质的运动衫和短裤，不具备现代运动服装的吸湿排汗功能。20世纪60年代，篮球服装开始采用更轻便的混纺材料，提高舒适性。21世纪，篮球服装的技术和设计进一步改进，强调性能和舒适性，吸湿排汗和速干技术使用在服装中。近几届奥运会上，

图2-217　2016年里约热内卢奥运会美国篮球队队服

图2-218　2020年东京奥运会美国篮球队队服

篮球运动员的服装更加现代化和科技化，使用轻质、高弹力和透气的材质，以提高运动效率和减少阻力。

　　从款式上来看，篮球服装一直是短袖/无袖上衣搭配短裤，设计上主要是拼色、线条、图案的变化。1948年，球衣和短裤上开始出现球队和国家标志，突出号码和徽章，开始体现更多的国家特色和时尚元素。20世纪70年代至80年代，篮球服更趋于功能性和舒适性，短裤变得更长，衣身更宽松，有助于运动时空气流通。设计上，开始出现更多的图案和色彩。90年代的篮球服装开始采用更加醒目和个性化的设计，包括鲜艳的颜色和图案，这一时期品牌标志和赞助商标开始出现。

　　可以说，宽松的篮球运动套装，简约、醒目的色彩搭配，大面积的印字、图案是现代篮球服装的特色。篮球服通过印字、图案标识重要信息，赋予深切的寓意，体现篮球运动的精神和内涵。如2015年篮球联盟为了回馈中国球迷，球员在春节期间穿着印有汉字的球衣进行比赛。也如2020年Nike为美国篮球队设计的队服，颈部饰有月桂线，是对亚特兰大奥运会上夺得金牌的歌颂，也是对奥运会奖牌获得者头上佩戴花环的致敬。每件球衣上都有十二颗星，每一颗代表球队中的每位球员。位于短裤侧面透气孔的隐藏细节则代表着历史上的所有代表美国女篮参加四年一度的夏季运动盛会的球员人数"84"及美国女篮参赛的次数"10"和获得金牌的数量"8"（图2-219）。

图2-219　2020年美国篮球队队服

五、手球

手球（Handball）比赛最早在1936年柏林奥运会上以展示项目出现，仅有男子手球项目，共有德国、奥地利、匈牙利、罗马尼亚、瑞士、美国六个国家107名运动员参与，后因手球竞赛规则不健全而被取消。1972年慕尼黑奥运会手球重新成为正式比赛项目，女子手球首次在1976年蒙特利尔奥运会上作为正式比赛项目。

由于手球是一项集速度、力量、技巧和战略于一身的运动，奥运会的手球比赛常常是竞争激烈、观赏性极高的赛事，手球运动的服装对抗撕裂、耐磨损性能有很高的要求，同时手球服装需要相对紧身，减少阻力和帮助更准确对抗。此外，与其他团队运动服装一样，对面料的吸湿排汗、透气功能有较高要求，同时兼具标识性和保护性。

20世纪前中期，手球服装采用长袖运动衫和宽松短裤的搭配，同一队员除守门员以外服装色调统一（图2-220、图2-221）。20世纪后期，手球服装开始采用更加贴身的运动衫及短裤，使用轻质、高弹力和透气的材质，更加吸汗，轻便，适当的弹性能提供更好的肌肉支撑，减少肌肉摇晃和拉伤，在剧烈的体能活动中，也能有效减少衣物和身体之间的摩擦，避免因摩擦而引起的皮肤损伤（图2-222~图2-225）。

图2-220　1936年柏林奥运会德国手球队着装

图2-221 1936年柏林奥运会奥地利手球队着装

图2-222 1972年慕尼黑奥运会手球比赛丹麦队与美国队着装

图2-223 1976年蒙特利尔奥运会手球比赛日本队与美国队着装

图2-224 1980年莫斯科奥运会手球比赛运动员着装

图2-225 1984年洛杉矶奥运会手球比赛南斯拉夫队与联邦德国队着装

　　手球比赛中同一队球员所穿着的服装必须统一，两队的服装颜色和图案也须有明显区别；守门员的服装颜色，必须与双方队员和对方守门员有所区别，球员的球衣号码应为1~20号，号码颜色必须与服装颜色及图案有明显区别（图2-226~图2-228）。

图2-226　1988年汉城（现称首尔）奥运会手球比赛西班牙队与阿尔及利亚队着装

图2-227　1992年巴塞罗那奥运会手球比赛欧盟与
　　　　　瑞典队着装

图2-228　1996年亚特兰大奥运会手球比赛法国队
　　　　　与阿尔及利亚队着装

　　21世纪至今，手球服装色彩更加鲜亮，各个国家队队服都各具代表性（图2-229~图2-234）。

图2-229　2000年悉尼奥运会手球比赛法国队与南斯拉夫队着装

图2-230　2004年雅典奥运会手球比赛法国队和韩国队着装

图2-231　2008年北京奥运会手球比赛法国队与哈萨克斯坦队着装

图2-232　2012年伦敦奥运会手球比赛瑞典队和法国队着装

图2-233　2016年里约热内卢奥运会手球比赛西班牙队与巴西队着装

图2-234　2020年东京奥运会手球比赛法国队与巴西队着装

六、排球

排球（Volleyball）运动1895年起源于美国，由一位体育工作者发明，目的是创造一种运动量适中，富有趣味性，男女老少都适宜的室内娱乐项目。是一项将力量、技巧、速度和团队协作融合为一体的体育项目，规则为两支球队各占球场一方，通过用手击球过网的方式来争夺分数。

排球在1964年第十八届东京奥运会上正式成为比赛项目。此时，排球已经从一项主要在室内进行的运动，发展成为包括室内排球和沙滩排球的多元化运动。

（一）排球

排球运动的服装特征是由排球的规则决定的，排球运动中衣物触碰球网会被扣分，所以服装要求紧身。室内排球和沙滩排球因比赛场地的不同，服装也有很大差异：在室内排球运动中，女性排球运动员着紧身上衣和紧身短裤，男性排球运动员着装也较为修身，为了安全会佩戴护膝等防护装备。室内排球服装以功能性为主，重视运动员的舒适度和活动自由度，随着时间的推移，服装变得更加专业和时尚，使用透气性强的面料，利用紧身设计减小阻力。沙滩排球服装特别强调轻便和适应沙滩环境，穿着清凉，男性通常穿着短裤，女性则穿着比基尼服装。

1964年东京奥运会日本和苏联队服很有代表性，日本队穿着白色紧身T恤，领高较高，领口、袖口有红色绲边，搭配黑色短裤。苏联队服装是红色紧身套装，裤子很短，至大腿根部。这种着装既符合运动需求，也尽显健康、时尚的运动之美，是排球服装的代表性款式（图2-235）。

图2-235　1964年东京奥运会排球比赛日本队和苏联队着装

1968年墨西哥奥运会排球比赛，排球队服开始产生改变，领口出现更多形态，并开始向下设计，裤子也保持短至大腿根部的特色（图2-236）。

1972年慕尼黑奥运会，运动员的上衣开始采用长袖设计（图2-237）。

图2-236　1968年墨西哥奥运会排球比赛美国队和苏联队着装

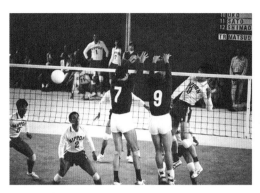

图2-237　1972年慕尼黑奥运民主德国队和日本队着装

图2-238　1976年蒙特利尔奥运会日本队和苏联队着装

1976年蒙特利尔奥运会，袖子继续采用长袖设计，并增加条纹装饰（图2-238）。

1980年莫斯科奥运会和1992年巴塞罗那奥运会，排球队服继续延续上届设计，并无大的变化（图2-239、图2-240）。

1988年汉城（现称首尔）奥运会，女排中出现一种新的队服款式——连体紧身衣（bodysuit）（图2-241）。巴西队是第一支穿着此种服装的队伍。连体紧身衣最显著的特点是其出色的服帖性，做完任何动作都无须重新整理服装，十分方便。当年由排球传奇费尔南达·文图里尼（Fernanda Venturini）领军的巴西女子排球队，队服为连体紧身衣，外面搭配运动外套保护手臂（图2-242、图2-243）。而后古巴排球队延续连体紧身衣的传统，

2000年悉尼奥运会，古巴队一样是连体紧身衣，采用更亮眼的红蓝撞色，搭配极具设计感的护膝与短裤，成为排球史上最时髦的队服之一（图2-244）。

2004年中国女排在雅典奥运会重夺久违二十年的冠军，服装采用黑红配色，又酷又美（图2-245）。

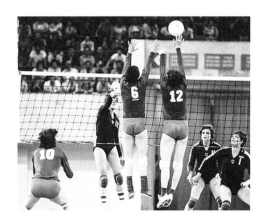

图2-239　1980年莫斯科夏奥会排球比赛保加利亚队与德国队着装

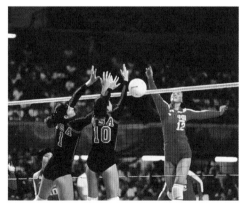

图2-240　1984年洛杉矶夏奥会排球比赛中国队与美国队着装

图2-242　1992年巴塞罗那奥运会排球比赛巴西队与美国队着装

图2-241　1988年汉城（现称首尔）奥运会排球比赛巴西队着装

图2-243　1996年亚特兰大奥运会巴西队与古巴队着装

　　2012年伦敦奥运会排球比赛，俄罗斯队对阵巴西队，巴西队再度夺得排球冠军。新一代排球服装不再像以前采用厚重的布料，而是用重量更轻的高科技弹性布料，高领口的设计体现复古感（图2-246）。

　　中国女排在2016年里约热内卢奥运会夺得金牌，队服采用经典、鲜艳的红、黄配色，来源于国旗的颜色，极具中国特色（图2-247）。

图2-244　2000年悉尼奥运会排球比赛古巴队着装

图2-245　2004年雅典奥运会排球比赛中国队着装

男子排球着装相对女子排球服稍微宽松，但相较于其他运动的队服，如足球、篮球等，是更为紧身的，这也是排球这项运动区别于其他运动的一个特征（图2-248、图2-249）。

图2-246　2012年伦敦奥运会排球比赛俄罗斯和巴西队着装

图2-247　2016年里约热内卢奥运会排球比赛中国队着装

图2-248　2008年北京奥运会排球比赛美国队与巴西队着装

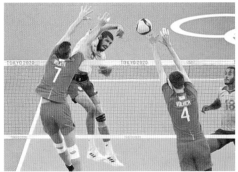

图2-249　2020年东京奥运会排球比赛巴西队和俄罗斯队着装

（二）沙滩排球

沙滩排球（Beach Volleyball）又称"海滩排球"，简称"沙排"，由排球运动演变而来，起源于美国加利福尼亚海岸，是一项集竞技、健美和娱乐为一体的运动项目，是在沙滩上进行的排球运动，也是风靡全世界的一项体育运动。1996年第二十六届亚特兰大奥运会上，沙滩排球成为正式比赛项目。沙排与室内排球有显著不同，特殊的场地为这项运动带来额外的挑战，如运动员移动和跳跃的难度增加。运动员还需要适应各种户外天气条件，如阳光、风向和温度的变化。

沙滩排球通常穿着比基尼或沙滩短裤和运动背心，运动员一般裸足进行比赛。穿着比基尼是沙滩排球的传统（图2-250~图2-255）。

国际排球联合会对女子沙滩排球运动员的着装有严格规定，比赛服装应包括上装、比基尼下装和必需的配件。上装应贴体，女性运动员身后和胳膊处必须有大面积镂空，比基尼短裤必须合体，要有一个向上的角度裁剪到大腿的根部，两侧长度不能超过12厘米。

沙排运动员一般佩戴防晒帽和太阳镜，以保护眼睛和头部免受阳光直射。服装上会有代表国家或团队的标志和颜色。运动员可以选择个性化设计，以体现自己的风格。

图2-251　2000年悉尼奥运会沙滩排球比赛澳大利亚队着装

图2-252　2004年雅典奥运会沙滩排球美国队和巴西队着装

图2-250　1996年亚特兰大奥运会沙滩排球比赛美国队和澳大利亚队着装

图2-253　2008年北京奥运会沙滩排球格鲁吉亚队和俄罗斯队着装

图2-254　2012年伦敦奥运会沙滩排球美国队和波兰队着装

图2-255　2016年里约热内卢奥运会沙滩排球意大利队和埃及队着装

国际排联对于男性运动员的着装要求是：比赛服应包括上装、下装和必需的配件。上衣必须合体且无袖。下装必须合体，长度不得超过膝盖（图2-256）。

图2-256　2020年东京奥运会沙滩排球波兰队和意大利队着装

七、乒乓球

乒乓球（Table Tennis）起源于19世纪末，是英国海军军官无意中发明的"桌上网球"，最初是用雪茄盒在桌面拍打软橡木塞。20世纪初改良出了空心乒乓球和橡胶球拍，后来这项运动在欧洲传播开来。世界乒乓球运动经过几个阶段的发展，从欧洲传入亚洲，20世纪50年代，日本乒乓球队崛起，成绩震动世界乒坛。20世纪50年代末，中国开始崭露头角，20世纪80年代后，中国乒乓开始称霸世界。

乒乓球作为奥运会比赛项目的历史相对较短，首次成为奥运项目是在1988年汉城（现称首尔）奥运会，但它的发展非常迅速，已成为奥运会中最受欢迎和观赏性的项目之一。

乒乓球比赛服包括短袖或无袖运动衫、短裤或短裙、短袜和运动鞋；服装的主体部分颜色必须和比赛用球（橙色或白色）的颜色明显不同；服装限定位置可以有限定内容、限定面积、限定数量的标记和广告，服装上的任何标记或装饰物以及运动员佩戴的物品（珠宝装饰等）不应过于鲜艳或反光，以致影响对手视线，服装上不得带有消极或者诋毁本项目声誉的设计和字样。

奥运会乒乓球项目团队赛同队运动员应穿着同样的服装，除了服装制造商的品牌标识外不允许有广告；比赛双方运动员应穿着颜色明显不同的服装（上衣）以便观众区分。当服装不符合要求、双方运动员所穿服装颜色相似及运动过程中运动员出汗等原因可要求更换服装。为满足运动需求，乒乓球项目服装应轻便、舒适，且应具备吸湿排汗、防褪色、防静电等功能性。在比赛中，服装还需体现标识性、象征性、审美性等（图2-257~图2-259）。

图2-257　1988年汉城（现称首尔）奥运会乒乓球比赛中国运动员着装

图2-258　1992年巴塞罗那奥运会乒乓球运动员着装

图2-259　1996年亚特兰大奥运会乒乓球比赛日本和捷克共和国运动员着装

　　中国乒乓球服装的发展体现了乒乓球项目的服装特色。从2000年起，李宁公司正式成为中国国家队乒乓球服的打造者。2000年悉尼奥运会，国家乒乓球队众志成城，完成了奥运会乒乓球金牌的第二次包揽。李宁公司在设计国家队乒乓球服时运用了鲜明的"CHINA"字样，格外引人注目。孔令辉在击败瓦尔德内尔获得男单冠军后亲吻国旗的画面，成为中国体育史上的经典画面（图2-260）。

　　2004年雅典奥运会，国家队乒乓球服上的"龙腾"形象更加鲜活，LOGO置于翻领处的设计也十分别致（图2-261）。

图2-260　2000年悉尼奥运会乒乓球中国运动员着装

图2-261　2004年雅典奥运会中国运动员着装

2008年北京奥运会，国家队乒乓球服上的"龙啸"图腾成为一代经典（图2-262）。

2012年伦敦奥运会，"龙腾"依然为奥运国家队乒乓球服的主体设计元素，前后主次分明，线条更加写意。此外，这届国家队乒乓球服还融入了更多科技元素，提升了面料的运动功能性（图2-263）。

2016年里约奥运会，国家队乒乓球服回归"龙腾"主题，女款的连体裙装在赛场上格外抢眼（图2-264）。

2020年东京奥运会乒乓球男团决赛，国家队乒乓球服中"龙腾"图案由一直以来的黄色更改为紫色，动态更改为向上，气势更加宏伟（图2-265）。

图2-262 2008年北京奥运会中国乒乓球运动员着装

图2-263 2012年伦敦奥运会乒乓球比赛中国队和德国队着装

图2-264 2016年里约热内卢奥运乒乓球比赛日本队着装

图2-265 2020年东京奥运会乒乓球比赛中国乒乓球运动员着装

八、羽毛球

现代羽毛球（Badminton）运动起源于1860年左右的英国伯明顿，一位公爵庄园中进行的"浦那"游戏（印度称羽毛球为"浦那"），这个游戏趣味横溢，非常热闹，很快地风靡整个英国。为了纪念这项运动的诞生地，伯明顿（badminton）成为羽毛球的英文名字并流传于世界。19世纪末，羽毛球运动在欧洲逐渐流行起来，约1910年羽毛球传入中国。

羽毛球于1992年正式成为奥运会比赛项目。羽毛球在全球内有广泛的参与度，在亚洲尤其受欢迎。羽毛球是世界上最快的球类运动之一，球速可达每小时200千米以上，运动员需要极快的反应速度来应对快速的比赛节奏。

早期，羽毛球的服装以白色的轻便套装为主，面料多采用较薄的棉布。直到20世纪50年代，羽毛球服装大多数以白衬衣为主，不过不再全是长袖、长裤，出现了短袖、短裤。20世纪60年代，羽毛球球衣的样式没有太大变化，主流还是白色的翻领短袖。我国的羽毛球球衣具有时代特色，有红色、蓝色和白色三种颜色。20世纪70年代中期，羽毛球球衣的剪裁更加合身，男士球衣除了短袖，还增加了针织背心作为搭配选择，裤子则变得更短，女士球衣出现无袖背心款。球衣面料除了棉质，也开始出现混纺面料，球衣的纹饰从单一的纯色慢慢出现条纹或者色块的设计，但主流还是白色、小翻领的短袖。

20世纪90年代末，羽毛球球衣开始流行宽松又飘逸的款式，以翻领宽松短袖为主，下装短裤是有一些收口的设计。宽松短袖有一个缺点，有些球员在打球过程中会把持拍手的袖子挽到肩上，但是运动一会又会掉下来，会影响球员动作（图2-266~图2-269）。

2008年北京奥运会后，无领上衣逐渐流行，短裤款式变得宽松，无袖连衣裙的款式越来越多。球衣的纹饰和色块的设计更加多样，色彩也越来越明亮。球衣的功能性越来越强，

图2-266 1992年巴塞罗那奥运会羽毛球比赛印度尼西亚运动员着装

图2-267　1996年亚特兰大奥运　图2-268　2000年悉尼奥运会羽　图2-269　2004年雅典奥运会羽
会羽毛球比赛英国运动员着装　毛球比赛韩国运动员着装　　毛球比赛丹麦运动员着装

设计越来越人性化。如威克多（VICTOR）的Perfect-DRY面料，通过纤维表面的微细沟槽产生的毛细现象，将肌肤表面的汗水芯吸、扩散、传输、迅速吸收发散，使织物快速变干，同时排出身体的热气，使肌肤保持干爽。使球衣在满足运动舒适和方便的同时还能吸湿排汗，让运动过程更加清爽（图2-270~图2-273）。

图2-270　2008年北京奥运会羽毛球比赛　图2-271　2012年伦敦奥运会羽毛球比赛马来西亚运动员着装
英国运动员着装

　　除了传统意义上的球衣，羽毛球运动服装还出现了符合时代热点、审美的文化衫来展现羽球运动的独特个性，穿着场景也从球场延伸到日常生活。

图2-272　2016年里约热内卢奥运会羽毛球比赛日本运动员着装　　图2-273　2020年东京奥运会羽毛球比赛澳大利亚运动员着装

九、橄榄球

　　橄榄球（Rugby）1823年起源于英国拉格比，原名拉格比足球，简称拉格比。因其球形似橄榄，而又源于英国，因此也称为英式橄榄球。橄榄球是一项集力量、速度、勇气、顽强、智慧和团队精神于一体的极具对抗性、趣味性、观赏性的球类运动，分为十五人制、十人制和七人制。橄榄球项目在1900年巴黎奥运会、1908年伦敦奥运会、1920年安特卫普奥运会、1924年巴黎奥运会上是正式比赛项目，采用十五人制。1925年顾拜旦离任奥委会，橄榄球从奥运会项目中取消，至2016年里约热内卢奥运会重归奥运会，采用七人制赛制。

　　1900年巴黎奥运会中橄榄球项目吸引了众多观众，约有6000人观看了法国队和英国队的决赛，可见此项运动在欧洲的巨大影响力。橄榄球运动自诞生之后在英国、南非、美国、法国、澳大利亚、爱尔兰、新西兰、阿根廷、日本、加拿大和意大利等地迅速传播，很快成为世界范围内的流行运动，也衍生出了多种比赛制式，其中最有影响力的是英式橄榄球和美式橄榄球。英式橄榄球运动员不穿护具，基本上采用足球运动员的服装，故称软式橄榄球。英式橄榄球（Rugby）流行较广，目前约有140余个国家和地区开展这一项目。美式橄榄球（American Football）的运动员必须穿戴规定的服装和护具，故又称硬式橄榄球，奥运会橄榄球比赛采用七人制英式橄榄球赛制。

　　橄榄球球衣通常是紧身的，以减少比赛中被对手抓握的机会。早期的奥运会橄榄球比赛中，英、法等国家的运动员穿着足球服装式样的圆领短袖衫，美国橄榄球队穿着长袖POLO衫，搭配短裤、长袜、护腿板、球鞋。后经过运动服装品牌的演绎，将橄榄球衫从运动装变成时尚化的日常生活着装。如今，奥运会等赛事中橄榄球运动员着装已发展成功能性、标识性极强的专业赛服，由高科技面料制作，具有轻质、透气、速干、耐磨等特点。

　　图2-274~图2-277展示奥运会橄榄球项目服装的演变。

图2-274　1900年巴黎奥运会橄榄球比赛法国队着装

（a）法国队　　　　　　　　　　　　（b）美国队

图2-275　1924年巴黎奥运会橄榄球比赛法国队和美国队着装

图2-276　2016年里约热内卢奥运会橄榄球比赛美国队和澳大利亚队着装

图2-277　2020年东京奥运会橄榄球比赛日本队和澳大利亚队着装

第三节　水上运动类服装

水上运动一般指游泳、水球、跳水、花样游泳、马拉松游泳五个运动项目，其共同特征是：比赛是在游泳池、开放水域或特定的水上场地进行，服装具有一定共性。奥运会中的皮划艇、赛艇、帆船、冲浪等项目也是在水上进行的比赛项目。此部分将游泳、水球、跳水、花样游泳、马拉松游泳、皮划艇、赛艇、帆船、冲浪等项目的专业服装统称为水上运动类服装（Aquatic Sports Suit）。

一、水上运动

（一）游泳

游泳(Swimming)是首届奥运会九大项之一，是奥运会的常设项目。奥运会游泳项目最初的比赛场地是开放性水域，只限男性运动员参加，女子游泳在1912年斯德哥尔摩奥运会首次成为正式项目。随着奥运会的普及和游泳运动全球化，参与游泳项目的国家和地区数量逐渐增加，由1896年雅典奥运会的4个参赛国到2020年东京奥运会的169个参赛国，这反映了游泳作为一项竞技运动100多年以来的全球普及程度及过程。

游泳服装（泳衣）也经历了一百多年更新迭代的发展：19世纪末至20世纪初的泳衣受限于面料工艺，多用棉、羊毛制成，男子泳衣是背心和平底裤的连体装或者两件套式样，用深色羊毛针织面料制成，常装饰条纹（图2-278~图2-280）。女性泳衣还要考虑到时尚和遮盖隐私，女性泳衣为连体款式，上为衬衫，下为灯笼裤，用宽松的及膝内裤或灯笼裤链接衬衫制成，外面还要再穿一条长及小腿的半裙。1905年，来自悉尼的凯勒曼穿着自己改良的连体泳衣横渡英吉利海峡，媒体对该事件进行了一系列报道，凯勒曼的这一改良打破了女士泳衣必带裙摆的礼仪要求，致使人们对女士泳衣的态度发生重大的转变。1910年，连体泳衣成为欧洲部分地区女士泳衣的标准款式，并被指定为1912年斯德哥尔摩奥运会官方女士泳衣（图2-281）。

图2-278　1896年雅典奥运会游泳冠军匈牙利运动员泳衣

图2-279　1904年圣路易斯奥运会游泳比赛运动员泳衣

图2-280　1908年伦敦奥运会英国游泳运动员泳衣

图2-281　1912年斯德哥尔摩奥运会英国女子游泳运动员泳衣

　　设计师和一些服装制造商也对泳衣的发展起到了重要的推动作用。1920年，泳装品牌詹特森（Jantzen）开始使用红色潜水女孩的标志，1921年开始使用"泳衣"（Swimsuit）这一名词，其他泳衣品牌也相继效仿。1928年，澳大利亚的麦克雷针织厂更名为"速比涛"（Speedo）。男士泳衣和女士泳衣的发展趋势都是更加短小，由于游泳运动动作的需求，泳衣上装开口变大，主要采用羊毛面料，也有人造丝和丝绸。但是这种新型服装挑战了当时关于得体着装的法律规定，有人因此被拘留。

　　20世纪20年代，随着奥运会的发展，人们对游泳的关注度增加，美国游泳运动员约翰尼·韦斯默勒在1924—1928年奥运会上取得的优异成绩吸引了民众的关注，引发了游泳运动的新一轮热度，一时间，海滩服装和度假服装成为重要的服装类型。男士泳衣和女士泳衣的款式类似，通常为一片或者两片式羊毛针织泳衣，低圆领、无袖、腰部有条纹或皮带，还有长度仅到大腿上部的短裤。游泳运动员穿着这种羊毛套装沾湿时，体型会清晰地展现出来（图2-282、图2-283）。

图2-282　1920年安特卫普奥运会女子游泳运动员泳衣（从左往右依次为美国、新西兰、瑞典、美国、美国、英国运动员泳衣）

图2-283　1924年巴黎奥运会瑞士游泳运动员泳衣

　　20世纪30年代，随着新型弹性材料Lastex的发明，泳装的款式和花色更趋多样化。这种材料主要由橡胶或类似橡胶作为芯层，外部包裹着一层或多层其他纤维，例如锦纶、棉或丝。Lastex弹性极好，这使它成为制作泳衣、内衣、运动服等需要良好伸缩性的服装的理想选择。同时期出现的工字背（Racerback）泳衣，在款式上进行革新，有了现代泳衣的雏形。1932年、1936年两届奥运会，现代泳衣逐渐由赛场向公众普及，又随着弹性纤维（如氨纶）以及其他合成纤维的出现，竞速泳衣开始变得更紧、更轻、更小（图2-284、图2-285）。

图2-284 1932年洛杉矶奥运会法国自由泳运动员泳衣

图2-285 1936年柏林奥运会4×100米游泳接力赛德国和荷兰运动员泳衣

20世纪40~50年代，丝绸泳衣独霸泳坛（图2-286）。1948年，男性运动员开始穿短裤参加游泳比赛（图2-287）。20世纪50年代后期，尼龙泳衣开始风靡世界，泳衣的图案开始变得丰富多彩（图2-288）。

20世纪50年代，英威达公司研发出莱卡新型弹力面料，这种面料的弹力好，并且可以双向拉伸，对于泳衣产业来说是一个革命性的突破。1964年东京奥运会上的泳衣质地厚实且阻力很大（图2-289）。1972年慕尼黑奥运会出现了一种毛线泳衣，这种泳衣只有一个方向有弹性（图2-290）。

图2-286 1948年伦敦奥运会英国女子游泳队泳衣

图2-287 1952年赫尔辛基奥运会男子自由泳比赛泳衣

图2-288　1960年罗马奥运会阿拉伯联合酋长国游泳运动员泳衣

图2-289　1964年东京奥运会女子100米自由泳运动员泳衣

图2-290　1972年慕尼黑奥运会澳大利亚游泳运动员泳衣

锦纶和氨纶用来增加泳衣面料的弹性和弹性回复能力，这一时期开始，泳衣颜色鲜艳，出现明亮的印花和图案，泳衣的款式也十分丰富（图2-291、图2-292）。1984年洛杉矶奥运会上的泳衣肩带和胯部的裁剪做了改进，性能进一步提升。1988年汉城（现称首尔）奥运会上，美国选手借助新颖的"大力士"泳衣夺得金牌从此开创了科技泳衣的新时代，泳衣成为游泳比赛的重要助力（图2-293~图295）。

2000年悉尼奥运会，伊恩·索普身着划时代的"鲨鱼皮"泳衣夺得3枚金牌（图2-296），掀起了科技泳衣的高潮。这款著名的鲨鱼皮泳衣来自速比涛（Speedo）公

图2-291　1976年蒙特利尔奥运会民主德国游泳运动员泳衣

图2-292　1980年莫斯科奥运会澳大利亚游泳运动员泳衣

图2-293　1988年汉城（现称首尔）奥运会800米自由泳运动员泳衣

图2-294　1992年巴塞罗那奥运会美国游泳运动员泳衣

图2-295　1996年亚特兰大奥运会美国游泳运动员泳衣

图2-296　2000年悉尼奥运会澳大利亚游泳运动员泳衣

司，其设计理念来自仿生学。通过模仿鲨鱼皮肤上的微小凸起结构，来减少水流阻力，从而提高游泳运动员在水中的速度。这种泳衣用超弹力尼龙、氨纶以及聚酯纤维制成，泳衣的大部分位置设计有V型皱褶。除此之外，还在手臂和腿部处仿照人体的肌腱系统设计了特殊的纹理，让运动员能够更加自如地进行手部以及腿部的动作。

　　2004年和2007年第二、第三代鲨鱼皮泳衣也被研制出来（图2-297、图2-298）。第二代鲨鱼皮设计时，研发团队使用好莱坞的人体扫描技术，到了第三代，他们联系了美国航空航天局（NASA）实验室，开始用风洞来分析流体动力学，研究怎样将面料更好地用在泳衣上，这个研发过程基本代表了当时运动服装的最先进生产力。针对男女体型特征区别，鲨鱼皮开始按男女两套设计区别研发。第三代最主要的改进是面料，使用防氧弹性纱和特细尼龙纱编织的面料比此前的所有面料弹性都要高出至少15%。

图2-297　2004年雅典奥运会游泳运动员伊恩·索普泳衣

最终的研究结果完美呈现在了第四代鲨鱼皮泳衣上，这一代鲨鱼皮泳衣使用了无缝生产技术，成衣更弹、更紧、更轻、阻力更小，甚至于可以将微小的气泡锁在游泳者的身体与泳衣之间，额外带来更多浮力。

然而，鉴于鲨鱼皮泳衣显著地影响了运动员成绩，打破了多项世界纪录，影响到奥运会比赛的公平性，这种高科技泳衣被禁止。

如今，世界游泳联合会（FINA）对游泳项目服装的规定如下。

材料和构造：游泳服装必须由透气材料制成，不得提供任何浮力、速度、耐力或体力优势。

覆盖范围：男性运动员的服装不得长于膝盖，且不能覆盖躯干；女性运动员的服装不得超过肩部或膝盖（图2-299~图2-301）。

厚度和附件：服装的厚度应小于标准厚度，不允许有任何配件，如垫片、线、拉链等。

适用性：所有游泳服装都必须由FINA预先批准。

图2-298　2008年北京奥运会美国运动员迈克尔·菲尔普斯泳衣

图2-299　2012年伦敦奥运会男子400米游泳决赛运动员泳衣

图2-300　2016年里约热内卢奥运会女子200米仰泳决赛运动员泳衣

图2-301　2020年东京奥运会澳大利亚游泳队泳衣

（二）水球

水球（Water Polo），又称"水上足球"，是一种集游泳、手球和排球的规则在水中进行的集体球类运动，要求两支队伍一边游泳，一边抢球，设法将球射入对方球门而得分。水球项目于1900年巴黎夏奥会正式成为比赛项目，但只包含男子比赛项目，2000年悉尼夏奥会引入了女子比赛项目。

水球运动的服装遵循游泳服装的式样，与游泳服装基本一致。又由于水球运动自身的特征，国际泳联（FINA）从其耐用性、设计、色彩、安全性方面对水球项目服装的规定：

由于水球是一项接触性运动，服装必须更加耐磨和坚固，以抵抗撕扯；水球运动服装应比游泳服装更具有防护性质，并且需要有明显的队伍颜色和号码；为了确保运动员安全，水球服装不能带有任何可能造成伤害的硬件或尖锐部分。另外，水球服装通常包括额外的固定装置，如绳索或绑带，以确保在激烈的比赛中不易脱落。

　　早期的水球运动服装与游泳运动服装相同，为由天然材质制成的连体泳装（图2-302~图2-306），1948年及之后男性水球运动员开始着短裤参赛（图2-307、图2-308）。

图2-302　1912年斯德哥尔摩奥运会水球项目金牌获得者英国队着装

图2-303　1920年安特卫普奥运会比利时和英国水球运动员着装

图2-304　1924年巴黎奥运会法国水球队着装

图2-305　1928年阿姆斯特丹奥运会水球比赛冠军获得者德国队着装

图2-306　1932年洛杉矶奥运会水球比赛德国队着装

图2-307　1948年伦敦奥运会美国水球队着装

图2-308　1988年汉城（现称首尔）奥运会美国水球队着装

　　2000年，女子水球运动的引入为奥运会水球运动注入了新的活力，这时期泳衣已经发展得相对成熟，女子水球服装在保留泳衣的专业性特征时，又有项目特征，如凸显运动员身形的高开衩款式，此外女性水球运动的服装色彩鲜艳，各个国家有自己的惯用色彩（图2-309~图2-314）。

图2-309　2000年悉尼奥运会水球项目美国队着装

图2-310　2004年雅典奥运会水球比赛希腊队着装

图2-311　2008年北京奥运会水球比赛新西兰女子水球队着装

图2-312　2012年伦敦奥运会水球比赛中国队与西班牙队着装

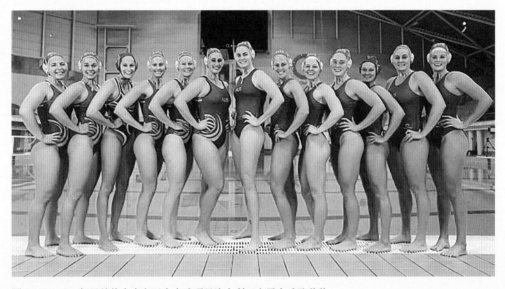

图2-313　2016年里约热内卢奥运会水球项目澳大利亚女子水球队着装

图2-314　2020年东京奥运会水球项目澳大利亚女子水球队着装

（三）跳水

跳水（Diving）运动起源于20世纪初，最初作为游泳的一部分出现在奥运会上，1900年，瑞典运动员在第二届奥运会上进行了精彩的跳水表演，被认为是最早的现代竞技跳水。1904年的圣路易斯奥运会上跳水成为正式比赛项目，1912年斯德哥尔摩奥运会增加了女子比赛项目。随着时间的推进，跳水技术不断进步，比赛规则也逐渐完善，确定了动作的难度、风格以及完成度在评分标准中所占的比重。现代跳水更加注重技巧和艺术性的结合，运动员执行的动作更加复杂和高难度。

图2-315　1908年伦敦奥运会瑞典跳水运动员着装

奥运会跳水服装的发展与游泳服装的发展是同步的。20世纪初，跳水运动员通常穿着相对保守和笨重的服装，如棉或羊毛制成连体式泳装，由于跳水运动相对于游泳运动更具可视性和表现性（图2-315），故服装又体现出了更加注重装饰性和时尚性的特征，服装上的图案更为显眼（图2-316），条纹装饰（图2-317），在款式上与泳衣趋同（图2-318），这时期的服装对水下运动有一定的限制性，且男女跳水服装无明显区别，可以混穿。

图2-316　1912年斯德哥尔摩奥运会德国跳水运动员着装

图2-317　1920年安特卫普奥运会美国和瑞典跳水运动员着装

图2-318　1924年巴黎奥运会瑞典跳水队运动员着装

　　20世纪30~40年代的跳水服装开始出现明显的性别特征，女士跳水服装更加时尚和性感，使用了类似于时装套装的设计，增加了精美的配饰（图2-319），使用有肌理的服装材质与泳帽精心搭配（图2-320），出现了经典的低胸大露背款式（图2-321~图2-323）。这一阶段的女性跳水服装是极具看点且赏心悦目的。

图2-319　1932年洛杉矶奥运会美国跳水运动员着装

图2-320　1936年柏林奥运会美国跳水运动员着装

图2-322 1952年赫尔辛基奥运会法国跳水运动员着装

图2-321 1948年伦敦奥运会法国跳水运动员着装　　图2-323 1960年罗马奥运会德国跳水运动员着装

　　20世纪60~70年代，随着化学纤维在跳水泳衣上中的使用，使服装变得更加紧身和简洁（图2-324），提高了运动性能。70年代以后，化纤面料的印染技术成熟，跳水运动的服装呈现出缤纷多彩的面貌，图案更为丰富和多变（图2-325、图2-326）。除了更美观，跳水服装在性能上也在不断优化，在专业性和装饰性上都有明显进步（图2-327）。

图2-324 1968年东京奥运会美国跳水运动员着装　　图2-325 1972年慕尼黑奥运会美国跳水运动员着装

图2-326　1976年蒙特利尔奥运会女子跳水运动员着装

图2-327　1984年洛杉矶奥运会
美国跳水运动员着装

　　1988年汉城（现称首尔）奥运会中，美国队在游泳运动中使用的"大力士"泳衣也运用于跳水运动中（图2-328），至此，跳水泳衣和游泳泳衣开始出现分水岭，游泳运动朝着"黑科技"的方向高速前进，款式更具包裹性。跳水泳衣在具备一定的抗阻力的同时，在款式上有别于游泳泳衣的长袖长裤，以露肤的高开衩款式为主（图329~图333），并且在图案设计上体现了更为现代的审美，有别于20世纪60~70年代复古碎花、条纹的图案设计，简约的拼色（图2-330），材质的拼接（图2-331），晕染渐变的图案（图2-332）是20世纪80年代跳水泳衣的款式特色，也反映了印染技术的精进。

图2-328　1988年汉城（现称首尔）奥运会美国跳水运动员着装

图2-329　1992年巴塞罗那奥运会加拿大跳水运动员着装

图2-330　1996年亚特兰大奥运会英国跳水运动员着装

图2-331　2000年悉尼奥运会乌克兰跳水运动员着装

图2-332　2004年雅典奥运会澳大利亚跳水运动员着装

　　2009年，国际泳联禁止了"黑科技"泳衣的使用，这使游泳泳衣和跳水泳衣再次趋同，设计上追求极致的流线型和贴身效果（图2-334），使运动员的表现最大化。设计师仍然不停追求跳水服装的极致完美，各国服装都在极力展示个性化特征以提升辨识度，如

图2-333　2008年北京奥运会澳大利亚跳水运动员着装

图2-334　2012年伦敦奥运会澳大利亚跳水运动员着装

澳大利亚跳水队的服装设计呈现明显的系列性和延续性（图2-334、图2-335）。2020年东京奥运会中的中国队跳水服装经过了精心的设计，在色彩和图案使用中都体现了民族元素，在工艺上使用了定位数码印花和烫钻，使跳水服装呈现出华丽、精致感（图2-336）。

图2-335　2016年里约热内卢奥运会澳大利亚跳水运动员着装

通过对比可以发现，游泳、水球、跳水三项水上运动项目的服装在发展进程中有过高度重合的时期，它们有共同的起源，但在不断发展的过程中都找到了自身的个性化发展方向，并且在百年发展历程中贡献了精彩、永恒的画面。

图2-336　2020年东京奥运会中国队跳水运动员着装

（四）花样游泳

花样游泳（Synchronized Swimming）起源于20世纪初的水上芭蕾表演，是将游泳、跳水和体操的翻滚动作编排成套在水中表演，并与音乐结合。起初仅作为两场游泳比赛的场间娱乐节目，后来发展为一项优美的水上竞技项目。1984年第二十三届洛杉矶奥运会，花样游泳成为奥运会正式比赛项目，花样游泳是运动员在音乐的伴奏下，在水中做出一套展示动作，根据展示动作的完成度、难易程度、繁复性和创新性、美观性等综合计算成绩的竞技运动。花样游泳强调艺术表现和技术难度，难度高、观赏性强。作为一项结合了音乐、舞蹈、游泳技巧和艺术表现的运动，在奥运会上得到了广泛的关注和喜爱。

花样游泳项目的服装与音乐、动作编排是辅助运动员完成比赛的三大要素，缺一不可，相互呼应，共同凸显主题。而花样游泳的主题选择具有开放性和自由性，因此服装风格也是极其丰富和多变的。

奥运会中花样游泳服装的发展如下。

图案的变化：1984年洛杉矶奥运会和1988年汉城（现称首尔）奥运会中花样游泳服装上的图案多呈几何型分割，较为简单（图2-337、图2-338）。1996年开始，花样游泳服装的图案开始变得丰富，体现出奇思妙想的趣味性（图2-339、图2-340）。2004年雅典奥运会上的花样游泳服装图案更为多元化，简约、传统、卡通、新奇、复杂、怪诞等各种风格的图案让观众看到各个国家的个性化设计（图2-341~图2-345），体现了花样游泳项目的包容性。

图2-337　1984年洛杉矶奥运会花样游泳运动员着装

图2-338　1988年汉城（现称首尔）奥运会加拿大花样游泳运动员着装

图2-339　1996年亚特兰大奥运会日本花样游泳运动员着装

图2-340　2000年悉尼奥运会美国花样游泳运动员着装

色彩的变化：从保守、简单的色彩拼接设计（图2-337、图2-338），过渡到更为细腻的同色相间的明度变化设计（图2-339）、无彩色与有彩色拼接的细节设计（图2-340），至21世纪更加繁复、细致、丰富的色彩设计（图2-341、图2-342、图2-344）。

材质的变化：从单一的、实用的四面高弹的泳衣（氨纶为主）面料（图2-337~图2-339）过渡到多种厚度、透明度的面料（图2-340~图2-345）结合使用，往更加时装化的方向发展。从功能性上看，更轻便、贴身的材料使用，有助于提高运动员在水中的灵活性和表现力。

图2-341　2004年雅典奥运会美国花样游泳运动员着装

图2-342　2008年北京奥运会美国花样游泳运动员着装

图2-343　2012年伦敦奥运会西班牙花样游泳运动员着装

图2-344　2016年里约热内卢奥运会乌克兰花样游泳运动员着装

图2-345　2020年东京奥运会俄罗斯奥林匹克委员会队花样游泳运动员着装

　　花样游泳服装不仅注重功能性，更强调美观和艺术性。花样游泳的服装往往通过色彩、图案、材质等的变幻体现主题；同时，花样游泳服装是性感、高雅的，在大面积的露肤、高开衩的款式基础上，结合紧身的设计、轻透的材质，大方展示运动员的形体之美；此外，大胆的配色、繁复的图案、华丽的装饰、精巧的细节都是花样游泳服饰的特色。花样游泳服装的发展体现了运动科技和时尚元素的结合，旨在提升运动员的表现并增加观赏性。

（五）马拉松游泳

　　马拉松游泳（Marathon Swimming）也称公开水域游泳，2008年北京奥运会首次作为正式项目出现。比赛距离为10公里，一般需要2个小时左右游完全程，完成这项赛事这对运动员的体能、技术和耐力都有极高的要求。加入奥运会以来，马拉松游泳在全球范围内受到越来越多的关注，参与其中的运动员的数量和水平也不断提高。公开水域游泳的服装类似于普通的游泳比赛服装，以舒适和实用为主。

　　马拉松游泳比赛的泳衣采用高弹、牢固的面料，且需考虑透气、速干、抗菌、防晒等功能。在装备和配饰上与室内游泳有所区别，运动员身体上有显眼的参赛编号标识（图2-346），马拉松游泳选手手腕部佩戴计时、定位装备，以保证运动员的安全。总体来说，马拉松游泳服装款式较为统一

图2-346　2008年北京奥运会马拉松游泳运动员着装

（图2-347~图2-349），体现对泳衣运动性能、安全性和舒适度的综合考虑。

图2-348　2016年里约热内卢奥运会马拉松游泳运动员着装

图2-347　2012年伦敦奥运会英国马拉松游泳运动员着装

图2-349　2020年东京奥运会马拉松游泳运动员着装

二、帆船

帆船（Sailboat）是1896年首届雅典奥运会的组成项目，但当年因缺乏报名条件和天气原因被取消。帆船项目首次亮相是在1900年巴黎奥运会（图2-350），且成为夏奥会的常设项目，帆船赛事的比赛形式不断演变，龙骨船、单一设计赛艇、小艇、悬挂船、多体船、飞翼船，这些变化反映了该运动技术和策略的不断进步。

跟帆船同时发展的还有运动员的着装。早期的帆船运动员穿着相对基础和简单的服装，重点在于保持身体的温暖和干爽（图2-351、图2-352）。随着时间的推移和技术的发展，帆船比赛服装变得更加专业和高性能。

现代帆船服装采用轻便、速干的纤维原料，如氯丁橡胶（用于制造湿衣）纤维、尼龙和弹性纤维。这些材料提供了良好的保温性能，同时能保持足够的灵活性和舒适性。现代帆船运动服装的设计考虑到了运动员的活动性和舒适性，如减少缝合线以减少摩擦，以及增加可调节部分以适应不同的身体形态。

随着安全标准的提升，个人浮力装置成为帆船运动员的标准装备，这些装置轻巧且能提供足够的安全保障。

现代帆船运动服装不仅需要保护运动员免受大风、海水、雨水、紫外线等的侵害，还要承受高速航行和激烈竞赛的考验，因此耐磨损、耐冲击的面料变得越来越重要（图2-353~图2-360）。

图2-350 1900年巴黎奥运会帆船比赛

图2-351 1928年阿姆斯特丹奥运会法国帆船运动员着装

图2-352 1948年伦敦奥运会意大利帆船运动员着装

图2-353 1976年蒙特利尔奥运会英国帆船运动员着装

图2-354 1984年洛杉矶奥运会瑞士帆船运动员着装

图2-355 1988年汉城（现称首尔）奥运会英国帆船运动员着装

图2-356 1996年亚特兰大奥运会英国帆船运动员着装

图2-357 2000年悉尼奥运会澳大利亚帆船运动员着装

图2-358 2004年雅典奥运会西班牙帆船运动员着装

图2-359　2008年北京奥运会澳大利亚帆船运动员着装　　图2-360　2020年东京奥运会帆船运动员着装

三、赛艇

赛艇（Rowing）是一项在水上进行的高速耐力赛事，是1896年首届雅典奥运会九大项之一，它是结合了力量、耐力、技巧的团队协作项目，一直是奥运会的重要组成部分。

早期的赛艇运动服装是简洁的棉质运动套装，颜色以白色为主（图2-361）。各国赛艇运动员穿着统一、整齐的团队服装（图2-362），具有标识性。早期的赛艇服装在款式上是分体的短袖上衣搭配短裤，这种款式基础、色彩简单、材质天然的团队服装一直使用到20世纪70年代（图2-363~图2-367）。

图2-361　1900年巴黎奥运会法国赛艇运动员着装　　图2-362　1908年伦敦奥运会英国赛艇运动员着装

图2-363　1924年巴黎奥运会比利时赛艇运动员着装　　图2-364　1928年阿姆斯特丹奥运会英国赛艇运动员着装

图2-365　1964年东京奥运会瑞士赛艇运动员着装

图2-366　1968年墨西哥奥运会德国赛艇运动员着装

图2-367　1972年慕尼黑奥运会德国赛艇运动员着装

　　1976年蒙特利尔奥运会增设了女子组比赛后，赛艇比赛的服装开始变得鲜艳，也向专业运动服装方向发展（图2-368~图2-370）。

图2-368　1976年蒙特利尔奥运会美国女子赛艇运动员着装

图2-369　1980年莫斯科奥运会苏联、德国、英国赛艇运动员着装

图2-370 1984年洛杉矶奥运会德国、芬兰、加拿大赛艇运动员着装

图2-371 1992年巴塞罗那奥运会澳大利亚赛艇运动员着装

图2-372 1996年亚特兰大奥运会英国赛艇运动员着装

20世纪90年代，赛艇服装的款式以连体的短袖、短裤或者背心、短裤为主（图2-371~图2-377）。款式的改变与材质的不断发展有关，随着功能纤维在运动服装中的使用，现代赛艇服装通常由轻质、速干的化学纤维制成，如聚酯纤维或氨纶，有助于使运动员舒适并保持干燥。赛艇服装的面料具有良好的透气性，帮助运动员调节体温，以适应长时间的水上活动；紧身设计有助于减小水中和空气中的阻力，提高运动效率；面料有足够的弹性，以便运动员在比赛中自由活动；服装缝合处平滑，能减少对皮肤的摩擦和刺激，提高舒适度；并结合赛艇运动员特有的坐姿和活动方式进行服装设计。此外，赛艇服装还需考虑抗紫外线和抗菌性能，保护运动员的身体不被晒伤和受到不良水质的伤害。

除了面料性能和缝制工艺的提升，现代赛艇服装在色彩上也十分鲜艳，能更好地增加团队辨识度。

图2-373　2000年悉尼奥运会澳大利亚赛艇运动员着装

图2-374　2004年雅典奥运会英国赛艇运动员着装

图2-375　2008年北京奥运会芬兰、荷兰、加拿大赛艇运动员着装

图2-376 2012年伦敦
奥运会希腊、英国、丹
麦赛艇运动员着装

图2-377 2020年东京
奥运会爱尔兰赛艇运
动员着装

四、皮划艇

皮划艇（Canoeing）运动分为皮艇和划艇两个项目，是由桨手使用一种特制的小艇，面向前进方向划行的划船运动，皮划艇有静水项目和激流项目之分，在天然或人工湖面进行的比赛称静水项目，在水流湍急的河道进行的比赛称激流项目。

皮划艇运动于1924年作为表演项目进入奥运会，1936年至今为奥运会正式比赛项目。女子皮划艇静水项目从1948年伦敦奥运会开始成为正式比赛项目。此外，1972年慕尼黑奥运会新增皮划艇激流回旋项目，但1992年巴塞罗那奥运会才成为常规项目。

皮划艇项目在奥运会中是一项极具观赏性和技巧性的水上运动，它不仅考验运动员的体力和耐力，还考验他们对水流的掌控能力和精准的划水技术。

　　1936—1968年的皮划艇静水项目中，皮划艇与帆船项目的服装发展较为一致，面料以天然纤维为主，款式是简单的背心搭配短裤，颜色以白色为主（图2-378~图2-381）。1972年激流项目加入奥运会后，皮划艇项目的服装发生了改变。

　　在皮划艇激流运动中，需穿戴合适的装备保障安全。运动员应佩戴救生衣、合适的头盔、护目镜等，这些装备能在紧急情况下提供额外的保护和支撑。救生衣能提供浮力，减少溺水风险；头盔和护目镜能保护头部和眼睛免受飞溅的水滴或意外碰撞的伤害（图2-382）。

图2-378　1936年柏林奥运会皮划艇运动员着装

图2-379　1948年伦敦奥运会皮划艇运动员着装

图2-380　1960年罗马奥运会德国皮划艇运动员着装

图2-381　1968年墨西哥奥运会挪威皮划艇运动员着装

图2-382　1972年慕尼黑奥运会德国皮划艇运动员着装

皮划艇服装的设计和材料选择都是为了适应水上运动的特殊需求和环境（图2-383~图2-390）。

20世纪70年代以后，奥运会皮划艇项目的服装通常使用轻质、防水快干的合成纤维面料，如聚酯或尼龙，以保持运动员在水中的干燥和舒适。服装的紧身设计能减小水中阻力，提高运动效率，同时也确保运动员在划船时有足够的活动空间。皮划艇服装上常常有团队或国家的标识和颜色，以体现运动员的身份和归属感。此外，头盔、防滑水鞋、划船手套团队也是必备的安全装备。总体来说，奥运会皮划艇项目的服装旨在提供必要的保护、减小水阻，并保证运动员在比赛中的舒适和灵活性。

图2-383　1988年汉城（现称首尔）奥运会德国皮划艇运动员着装

图2-384　1992年巴塞罗那奥运会美国皮划艇运动员着装

图2-385　2000年悉尼奥运会K2金牌获得者着装

图2-386 2004年雅典奥运会波兰皮划艇运动员着装

图2-387 2008年北京奥运会意大利皮划艇运动员着装

图2-388 2012年伦敦奥运会俄罗斯皮划艇运动员着装

图2-389　2016年里约热内卢奥运会澳大利亚皮划艇运动员着装

图2-390　2020年东京奥运会澳大利亚皮划艇运动员着装

五、冲浪

冲浪（Surfing）是一项相对新颖的比赛项目，首次出现在2020年东京奥运会上。

冲浪服装是为了适应水上运动的特殊需求而特别设计的，它分为以下几种类型。

湿衣（Wetsuits）：湿衣是冲浪运动员最常用的服装之一，尤其在冷水环境中。湿衣由保温材料制成，通常是氯丁橡胶（Neoprene）。这种材料能在水中提供隔热效果，帮助冲浪运动员保持体温。湿衣有不同的厚度，运动员可根据水温来选择合适的厚度，较厚的湿衣用于寒冷的环境，而较薄的则适用于温暖的环境。

冲浪短裤（Boardshorts）：在温暖的气候和水温条件下，冲浪运动员可能会选择穿冲浪短裤。这种短裤通常由快干、轻便的材料制成，设计上注重自由活动的能力。

冲浪衬衫（Rash Guards）：冲浪衬衫是一种紧身衣，通常为长袖，用来保护皮肤免受太阳照射和冲浪板摩擦。冲浪衬衫通常由速干、弹性的材料制成，并提供一定程度的紫外线防护。

防水夹克和外套：在寒冷或恶劣天气条件下，冲浪运动员可能会选择穿防水夹克或外套，这些服装能提供额外的保暖和防风效果。

鞋类和手套：在特别冷的条件下，冲浪运动员可能还会穿戴专门的冲浪靴和手套，以进一步保护脚部和手部不受低温影响。

防晒装备：由于冲浪是在户外进行，冲浪运动员直接暴露在阳光下，因此防晒也是一个重要环节。除了涂抹防晒霜之外，许多冲浪服装都提供了紫外线防护，降低皮肤晒伤的风险。

冲浪服装的设计不仅要考虑到功能性，如保暖、保护和灵活性，还要具有鲜明的时尚特色，反映冲浪文化的活力和自由精神。随着冲浪运动的流行，冲浪服装也成为一种流行的休闲装扮（图2-391）。

（a）巴西冲浪运动员　　　　　　　　　　（b）德国冲浪运动员

图2-391　2020年东京奥运会冲浪项目运动员着装

第四节　体操舞蹈类服装

　　体操和舞蹈（Gymnastics and Dance）都强调技术性和艺术性。奥运会体操项目包含竞技体操、艺术体操和蹦床。其中竞技体操包含双杠、单杠、吊环、跳马、鞍马、高低杠、平衡木、自由体操等项目。即将到来的2024年第三十三届巴黎奥运会上将首次出现霹雳舞舞蹈比赛项目。

一、体操

　　体操（Gymnastics）是1896年第一届雅典奥运会九大项目之一。最初的体操比赛为男子项目，包括地面运动、吊环、鞍马等，女子体操项目首次出现在1928年阿姆斯特丹奥运会上，但只有团体比赛。1932年柏林奥运会增加了女子个人全能赛，随后，女子体操逐渐成为奥运会体操的重要组成部分，项目包括高低杠、平衡木、自由体操等。1952年赫尔辛基奥运会标志着女子体操进入新时期，这个时期见证了苏联和东欧国家的统治地位，出现了许多体操传奇。随着时间的推移，奥运会体操项目变得更加多样化和国际化，美国、中国、罗马尼亚等国家也崭露头角。除了竞技体操和项目内容的扩展外，1984年洛杉矶奥运会、2000年悉尼奥运会分别增加了艺术体操、蹦床项目。

　　现代女子体操更加强调艺术和技巧的结合，运动员需要展示高难度的动作和优雅的舞蹈元素。

（一）竞技体操

　　竞技体操（Artistic Gymnastics）分为男子竞技体操项目：双杠、单杠、吊环、跳马、鞍马、自由体操项目和女子竞技体操项目：跳马、高低杠、平衡木、自由体操。

图2-392~图2-414展示了奥运会竞技体操项目历年来服装的发展：

早期的体操服装款式简洁，颜色以白色为主（图2-392、图2-393）。1912年斯德哥尔摩奥运会（图2-394），挪威男子体操队以纯白的修身套装参赛，整齐划一、干净利落、气势不凡，1928年阿姆斯特丹奥运会上（图2-395），瑞典男子体操服是白色套装：无袖修身上衣搭配高腰背带裤。这种简约又有细节设计的服装，配合体操利落的动作，充分体现了竞技体操的运动之美。

图2-392　1896年雅典奥运男子双杠项目着装

图2-393　1908年伦敦奥运会女子体操作为表演项目出现时的运动员着装

图2-394　1912年斯德哥尔摩奥运会挪威体操运动员装

图2-395　1928年阿姆斯特丹奥运会瑞典体操运动员着装

图2-396　1932年洛杉矶奥运会匈牙利体操运动员着装

图2-397　1936年柏林奥运会德国女子体操运动员着装

图2-398　1948年伦敦奥运会美国体操运动员着装

20世纪50年代在被称为时装发展历史上的黄金时代，经过女性解放运动后，时装界呈现出前所未有的繁华。此时的体操大胆地采用紧身半身服款式（图2-399），尽管面料的弹性和裁剪并不能完美地包裹住身体，在运动中出现了松弛褶皱，却已然前所未有地将美好的形体大胆地展现出来，是女性在奥运史上的突破。

图2-399　1952年赫尔辛基奥运会英国体操运动员着装

图2-400　1956年墨尔本奥运会日本体操运动员着装

（a）意大利男子体操运动员

图2-401　1960年罗马奥运会苏联和捷克斯洛伐克女子体操运动员着装

（b）德国女子体操运动员

图2-402　1964年东京奥运会体操运动员着装

图2-403　1968年墨西哥奥运会德国、苏联、捷克斯洛伐克女子体操运动员着装

　　1976年蒙特利尔奥运会，罗马尼亚"体操女皇"科马内奇在比赛中大放异彩，她身着印有阿迪达斯（Adidas）的三条杠标志的纯白色体操服，设计简洁大方，领口下方带有奖章装饰图案，三条杠的红黄蓝色彩取自罗马尼亚国旗的颜色，造就了奥运会体操比赛中的精彩画面（图2-405）。

图2-404　1972年慕尼黑奥运会苏联体操运动员着装

图2-405　1976年蒙特利尔奥运会罗马尼亚体操运动员着装

图2-406　1980年莫斯科奥运会苏联艺术体操运动员着装

图2-407　1984年洛杉矶奥运会美国体操运动员着装

图2-408　1988年汉城（现称首尔）奥运会苏联和罗马尼亚体操运动员着装

图2-409 1992年巴塞罗那奥运会中国体操运动员着装

图2-410 2004年雅典奥运会罗马尼亚平衡木项目运动员着装

图2-411 2008年北京奥运会美国平衡木项目运动员着装

图2-412 2012年伦敦奥运会俄罗斯队体操运动员着装

2016年里约热内卢奥运会美国运动品牌安德玛（Under Armour）为美国体操运动员设计的海军风蓝红白相间的体操服上，贴有5000颗水晶（图2-413）。

图2-413 2016年里约热内卢奥运会美国体操运动员着装

（二）艺术体操

1984年洛杉矶奥运会，艺术体操（Rhythmic Gymnastics）正式作为比赛项目出现。

最初奥运会艺术体操只有个人全能项目，团体项目在1996年亚特兰大奥运会首次被引入。参与艺术体操的国家逐渐增多，俄罗斯和保加利亚在早期占据主导地位，但随后意大利、西班牙和一些亚洲国家开始崭露头角。

图2-414 2020年东京奥运会巴西队自由体操运动员着装

艺术体操堪称奥运会项目中观赏性最高的项目之一，融入了芭蕾舞、民族舞、竞技体操的技巧，结合武术、杂技、戏曲等艺术之精髓，在优美的音乐声中徒手或者结合绳、圈、球、棒、彩带等轻器械进行表演，注重运动呈现出的艺术感和节奏感。

艺术体操服装在设计上侧重观赏性，尽可能在裁剪上体现女性身形的美感，服装色彩鲜艳、明亮，面料华丽，常配以钻饰、珠饰、亮片、流苏、羽毛等装饰，追求特色鲜明、独一无二，属于体育运动服装中的"高级定制"。

图2-415~图2-424展示历年来艺术体操项目服装的发展。

图2-415 1984年洛杉矶奥运会美国艺术体操运动员着装

图2-416 1988年汉城（现称首尔）奥运会苏联艺术体操运动员着装

图2-417 1992年巴塞罗那奥运会德国艺术体操运动员着装

图2-418 1996年亚特兰大奥运会
德国艺术体操运动员着装

2000年以后，艺术体操服装走向华丽、精致，服装上镶嵌越来越多的钻饰等立体装饰，极具独特性和艺术性（图2-419~图2-424）。

图2-419 2000年悉尼奥运会俄罗斯体操运动员着装

图2-420 2004年雅典奥运会以色列艺术体操运动员着装

图2-421　2012年伦敦奥运会白俄罗斯队体操运动员着装

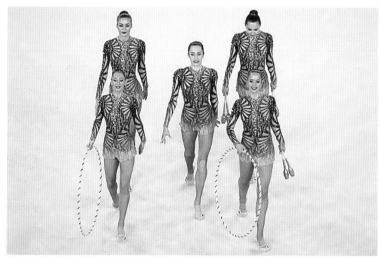

图2-422　2016年里约热内卢奥运会保加利亚艺术体操运动员着装

图2-423　2020年东京奥运会意大利艺术体操运动员着装

（a）日本艺术体操队　　　　　　　　　　（b）俄罗斯奥委会艺术体操代表队

图2-424　2020年东京奥运会艺术体操运动员着装

（三）蹦床

蹦床（Trampoline）运动起源于20世纪初，最初被用作飞行员、宇航员的训练手段。20世纪中叶，蹦床作为一项竞技体育运动开始流行起来。2000年悉尼奥运会蹦床项目首次作为正式比赛项目纳入。

最初奥运蹦床项目只包括男子和女子的个人比赛。随着参与蹦床项目的国家逐渐增多，中国、美国、加拿大和俄罗斯等国家的运动员都展现出了高水平的竞技实力。

在蹦床运动成为奥运项目之前，运动员通常穿着类似于体操的服装，如紧身衣和短裤，这些服装主要考虑舒适性，且不能妨碍运动。2000年蹦床运动成为奥运项目，服装更加专业。运动员开始穿着更为紧身的连体衣（图2-425~图2-427），有助于裁判更清晰地观察到运动员的动作和姿态。

图2-425　2000年悉尼奥运会男子蹦床比赛俄罗斯、澳大利亚、加拿大运动员着装

图2-426　2004年雅典奥运会蹦床比赛获奖者着装

图2-427　2008年北京奥运会蹦床决赛中国队和加拿大队运动员着装

如今，体操运动员为了在赛场上取得优异的成绩，十分注重运动服装的选择，除了在功能上需要有较强的包裹性，展示动作的完成度，同时还要兼顾设计美感，增设局部透视和精美点缀，使得体操服装十分精致有看点。各国的体操服也带有本国的文化特色，创新设计和华丽的装饰，配合运动员优美的身姿、优雅的动作，为奥运会留下独特的精彩画面（图2-428）。

图2-428　2020年东京奥运会女子蹦床项目中国队运动员着装

二、霹雳舞

霹雳舞（Breaking）起源于20世纪60年代，歌手詹姆斯·布朗（James Brown）独创的一种节奏感极强的乐曲和舞步。20世纪70年代，牙买加唱片骑师酷海格（Kool Herc）将James Brown的音乐进行了缩混，创造了新的音乐形式，在这种音乐伴奏下的舞蹈成为Break，这就是"Breaking"（霹雳舞）的起点，也是嘻哈（Hip-Hop）音乐的诞生。因为这种舞蹈大都在街头表演，故又把其称为街舞（Street Dance）。

80年代，"Breaking"不断发展，摄影师亨利·查芬特（Henry Chalfant）起到了重要的推动作用，他极其热爱拍摄Breaking，跟拍B-boy（跳Breaking的男孩）。亨利·查芬特推广了这项运动，获得了各大媒体的关注报道。德国第一届BOTY比赛的举办，拉开了Breaking走向国际化的序幕，为Breaking入奥奠定了基础。

Breaking的竞技性逐渐增强，出现了许多国际性的Breaking比赛和赛事，如红牛一对一霹雳舞大赛（Red Bull BC One）、自由式街舞大赛（Freestyle Session）、英国街舞锦标赛（UK B-Boy Championships）等。这些比赛不仅是舞者展示自己技艺的舞台，也是Breaking文化传承和交流的重要平台。

中国在80年代中后期盛行过Breaking热潮，将"Breaking"翻译为"霹雳舞"，举办过全国霹雳舞大赛。

如今，在国际上，Breaking不仅是一种舞蹈形式，也是一种文化和生活方式的表达。Breaking舞者通常会在舞蹈中展现个人的表现力、自信和创作精神，这使得Breaking成为一种极具活力和包容性的艺术形式。

Breaking在1984年的洛杉矶奥运会闭幕式上作为娱乐性表演出现过。2019年有了正式入奥的讨论，2024年Breaking将会出现在第三十三届巴黎奥运会正式比赛项目中，期待2024年巴黎奥运会中Breaking服装的精彩呈现。

第五节　休闲运动类服装

休闲运动服装（Casual Athletic Wear）是一种结合了休闲风格和运动功能的服装类型，使着装者在运动中保持舒适、轻松和活跃，同时具备运动时所需的功能性。奥运会中的高尔夫、射箭和滑板项目服装属于这一类别。

一、高尔夫球

高尔夫球（Golf）正式出现在1900年、1904年、2016年、2020年的四届奥运会上。

19世纪90年代的诺福克外套在高尔夫场合十分流行，常以传统的混色粗花呢面料制作，长至大腿，款式宽松，背部有褶皱便于活动，前面有纵向的带子避免衣服因吊带摩擦而磨损，宽大的有盖口袋和贴袋可以用来装高尔夫球和其他物品。这个款式因为有浓厚的休闲味道而成为男士衣橱必备。

这一时期，运动穿着的浅色服装成为时髦的男装。男性在社交场合穿着灰白色的法兰绒长裤，搭配同色或对比色的单排扣西服，在度假回到城市后穿一身薄毛料或挺括的亚麻布制作的白色西服，这是男性常见的夏日装扮。

陈列在罗斯戴尔（Rosedale）高尔夫俱乐部的吧台后面的这枚奖章和照片记录了1904年圣路易斯奥运会高尔夫球金牌获得者——加拿大选手乔治·里昂的着装，与以上描述吻合。他穿着浅色套装，休闲外套搭配六分裤（裤口扎进及膝筒袜）、筒袜和皮鞋，头戴平顶帽（图2-429）。

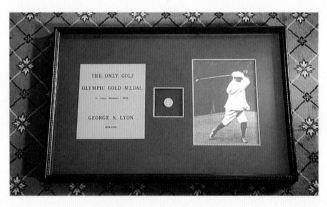

图2-429　1904年圣路易斯奥运会高尔夫球金牌获得者乔治·里昂着装

20世纪初，高尔夫球越发流行，女士高尔夫球服装由针织上衣和百褶运动裙组成，与白天穿的套装相似。

高尔夫球运动服装发展经历了几个重要的阶段。

19世纪末至20世纪初：早期高尔夫球服装较为正式和传统，男士通常穿着长裤、长袖衬衫、领带或领结，以及毛衣或夹克。女士则穿着长裙和长袖衬衫。这些服装更注重体现社会身份和传统礼仪（图2-430），功能性为次要。

图2-430 乔治·里昂在老年时期打高尔夫球的场景

20世纪中叶：随着运动技术的发展和社会习俗的变化，高尔夫球服装开始变得更为实用和舒适。男士开始穿着短裤和轻便的衬衫，女士的服装也发展为短裙和轻松的上衣。

21世纪：现代高尔夫球服装强调功能性、舒适性和时尚性。使用高科技面料，如防风、防水、透气和弹性材料，以适应各种天气条件和运动需求。现代高尔夫球服装在款式和颜色上也更为多样，反映当代时尚潮流（图2-431、图2-432）。

（a）金牌获得者——英国运动员　　　　（b）高尔夫球运动员

图2-431 2016年里约热内卢奥运会高尔夫球运动员着装

图2-432 2020年东京奥运会高尔夫球美国运动员着装

二、滑板

奥运会滑板（Skateboarding）项目是一项相对较新的比赛项目，首次作为正式比赛项目出现在第三十二届2020年东京奥运会上，这个项目的加入代表了奥林匹克运动向包括更多现代、都市和年轻人喜爱的体育项目的转变。滑板也是奥运会中唯一没有标准运动服的项目。

滑板项目在奥运会上分为两个主要类别：街道滑板（Street Skateboarding）和公园滑板（Park Skateboarding）。

街道滑板：这个项目模拟了街头环境，包括台阶、栏杆、坡道和其他城市元素。运动员需要在一定的时间内展示他们的技巧和创造性，裁判会基于技巧的难度、执行和原创性来打分。

公园滑板：公园项目则在一个带有弯道和坡面的碗状场地进行。这个项目要求运动员在弯曲的坡面上表演高难度的动作和连贯的技巧组合。评判标准同样为难度、执行和创造性。

滑板比赛的服装通常较为宽松自由，重视个性表达和舒适性。以下是一些常见的滑板服装要求和特点。

安全装备：滑板比赛服装中最重要的是安全装备，包括头盔、护膝和护肘。在正式的比赛中，运动员通常被要求佩戴头盔来保护自己免受头部伤害。

服装：滑板运动员通常穿着宽松舒适的衣服，如T恤、长裤或短裤。这些衣物能提供足够的活动自由度，同时也是运动员个性和风格的一种表达。

鞋子：滑板鞋是专为滑板设计的，平坦的鞋底能更好地抓住滑板，且耐磨性较强，能提供额外的支撑。

个性化元素：滑板运动员会通过服装来表达自己的个性。这包括图案独特的T恤、定制的帽子或其他个性化配饰。

总体来说，滑板服装倾向于实用、舒适和个性（图2-433）。

图2-433　2020年东京奥运会滑板运动员着装

第六节　格斗力量类服装

格斗是指运动员通过身体对抗，以打败对手、制服对手为目的的技术及力量型运动，奥运会中的格斗运动有柔道、拳击、摔跤、跆拳道。举重以举起的杠铃为胜负依据的单人力量及技术类运动。这些项目的服装具有一定的共性，称为格斗力量类服装（Combat Strength Apparel）。

一、举重

举重（Weightlifting）可以追溯到古埃及和古希腊文明，当时的举重主要是力量和勇气的展示。在古希腊，举重被视为一种训练士兵的方式。举重是1896年首届雅典奥运会九大项之一，仅男子参赛。除了1904年、1908年和1912年奥运会外，男子举重一直是奥运会的竞赛运动项目。最初的比赛项目比较简单，主要关注运动员能举起多重的重量。奥林匹克举重比赛项目随着时间的推移而不断发展，如今，举重运动员需参加抓举和挺举两个项目的比赛，根据他们的总成绩（抓举和挺举各自最好成绩相加）进行排名。2000年悉尼奥运会，女子举重成为奥运会正式比赛项目。

早期的举重着装是简易的弹性运动装，从20世纪初期的奥运会中举重运动员穿着的服装来看，举重项目的服装经历了一些款式的变化。1904年圣路易斯奥运会，希腊举重运动员的着装是紧身的背心上衣搭配短裤，与其他项目如田径的服装差异较小（图2-434）。1920年安特卫普奥运会，比利时举重选手的着装更为紧身，裤子的长度变短（图2-435）。1924年巴黎奥运会，法国举重运动员赤裸上身，只穿一条使用了拼色设计的弹力短裤（图2-436）。

图2-434　1904年圣路易斯奥运会希腊举重运动员着装

图2-435　1920年安特卫普奥运会比利时金牌　图2-436　1924年巴黎奥运会法国金牌运动员着装
运动员着装

　　从1928年阿姆斯特丹奥运会开始，举重服装有了较为固定的样式，为低胸，腋下开
口很低的背心，可以露出大面积上半身肌肉，搭配极短的裤子，腰部束腰带（图2-437~
图2-440），这种款式后成为举重服的经典款式。举重服装的选择也与举重的量级有关系，
在轻量级的比赛中，运动员也会穿着普通紧身款式的T恤搭配紧身短裤（图2-441）。

图2-437　1928年阿姆斯特丹奥运会土耳其运动员着装　图2-438　1932年洛杉矶奥运会法国举重运动员着装

图2-439 1936年柏林奥运会德国和埃及举重项目运动员着装

图2-440 1948年伦敦奥运会举重比赛颁奖礼美国和瑞士运动员着装

图2-441 1952年赫尔辛基奥运会举重比赛特立尼达和多巴哥运动员着装

20世纪50年代开始，举重服装面料开始使用化学纤维，化纤的优良弹性使服装更加服帖、平整，色彩也更加鲜艳，出现了连体套装（图2-442）。20世纪60年代，举重服装仍然延续紧身的连体套装，裤子更短，由平角裤型变成三角裤型。运动员在套装的里面还着一件其他颜色的紧身T恤（图2-443）。

20世纪60年代的举重服装奠定了标准化的基础（图2-444、图2-445）。举重服装的要求越来越规范：举重服必须是紧身的，不得有衣领、不得遮住肘部和膝部，方便动作的进行，并能保证裁判视线不受干扰。在举重服内可以穿着紧身T恤，

图2-442 1956年墨尔本奥运会举重比赛美国、苏联、法国运动员着装

同样要求无领、不遮挡肘部。比赛中可以使用的护具主要是举重腰带，一般规定腰带必须系在举重服外面，最宽处不得超过120mm。此外，还有手腕、膝部、手部可使用的绷带、线带等。绷带的长度不做规定，但宽度有一定限制，并且绷带与举重服装之间必须明显分离（图2-446~图2-453）。

举重服装细节的尺寸也做了规定：举重服装对接缝和褶边的宽要求在3cm之内，面料厚度不超过0.5cm。为了使举重服更坚实、耐用，可以在接缝处添加宽度不超过2cm，厚

图2-443 1960年罗马奥运会举重比赛美国运动员着装

图2-444 1964年东京奥运会举重比赛颁奖苏联、捷克、日本运动员着装

图2-445 1968年墨西哥奥运会举重比赛日本运动员着装

图2-446 1972年慕尼黑奥运会举重比赛匈牙利运动员着装

图2-447　1976年蒙特利尔奥运会举重运动员着装

度不超过0.5cm的狭长带子或弹性材料。举重服裤腿的长度从裤裆中部向下到裤腿底部的长度不得超过15cm。无护身弹性织物的举重服装的裤腿长度可以超出这一范围，但不得盖住膝盖，也不得触及绷带或护膝。另外，无护身弹性织物的服装可以有双裆。现代举重比赛服设计的突破点主要是服装的受力支撑，通过科学的局部支撑系统，提高腰部、臀部、腿部、肩部、手臂支撑性，防止大重量导致的肌肉损伤，辅助运动员获得更好的运动成绩。

此外，举重鞋的后跟应是正常形状，鞋底不得超过鞋帮0.5cm，鞋帮靴高不得超过13cm；举重腰带须系在举重服外，宽不得超过12cm。由于举重运动员需要很大的爆发力，贴身的专业服装不仅可以保护肌肉，避免受伤，而且可以吸汗透气，避免影响比赛发挥；举重运动员的腰带和举重鞋也至关重要，可以有效减少腰部损伤，帮助稳定重心，减少下背受伤风险。

举重运动员常佩戴膝盖护具和护腕来提供额外的支持和保护，这些护具可以减少受伤的风险，并在执行举重动作时提供更多的稳定性。磁粉在举重比赛中同样非常重要，运动员会在手上涂抹磁粉以增加抓握力和减少手掌的滑动。

图2-448　1980年莫斯科奥运会举重比赛匈牙利运动员着装

图2-449　1984年洛杉矶奥运会举重比赛中国运动员着装

图2-450　1988年汉城（现称首尔）奥运会匈牙利运动员着装

图2-451　1992年巴塞罗那奥运会举重比赛瑞典运动员着装

图2-452　1996年亚特兰大奥运会举重比赛希腊运动员着装

图2-453　2000年悉尼奥运会抓举项目澳大利亚运动员着装

　　2000年悉尼奥运会，女子举重项目的加入使举重服装体现出了明显的性别差异。女性举重运动员的服装更加遮体和"保守"，图2-454、图2-455为女性举重选手的着装。

图2-454　2004年希腊奥运会女子举重比赛印度尼西亚运动员着装

图2-455　2020年东京奥运会
女子举重比赛乌兹别克斯坦运
动员着装

二、摔跤

摔跤（Wrestling）作为一项古老的体育运动，起源悠久，在奥运会中的发展历程非常丰富，最早可以追溯到公元前708年的古代奥运会。在古希腊，摔跤不仅是一项重要的体育活动，还被认为是一种训练士兵的方式。摔跤是1896年第一届现代奥运会九大项之一。最初只有男子自由式摔跤项目，而随后古典式摔跤也被加入。20世纪初，摔跤作为奥运项目逐渐发展，并在世界各地普及。随着国际摔跤联合会（现称世界摔跤联合会）的成立，该运动开始采用更标准化和统一的规则。女子摔跤最初在2004年雅典奥运会上作为正式比赛项目被引入。

2013年，国际奥委会一度决定从2020年起将摔跤除名出奥运会正式比赛项目，但在全球摔跤社群的强烈反对和改革承诺后，该决定被撤销，摔跤继续保留在奥运会项目中。据悉，摔跤服装的样式在一定程度上影响了项目的流行，目前摔跤服装紧身一体式的设计，并不能很好地展现身形和保护隐私。

19世纪末、20世纪初期摔跤服装没有特别的设计，是普通的弹性运动服（图2-456、图2-457）。1912年斯德哥尔摩奥运会上出现背心款紧身摔跤服（图2-458），1920年安特卫普奥运会上瑞典摔跤队身着低胸款背心连体摔跤服，裤长很短（图2-459）。这一款式延续了很长一段时间，然而受到面料的限制，服装的舒适度并不高（图2-460、图

图2-456　1896年雅典奥运会摔跤运动员着装

2-461）。

　　20世纪60年代出现了非常"性感"的摔跤服装，仅用很细的背带连接迷你平角裤，使运动员露出壮硕的身材，体现男性的形体美特征，这一造型非常符合古代奥运会崇尚的男性"力"与"美"（图2-462）。而后的20世纪70~90年代，摔跤服装向标准化和规范化迈进（图2-463~图2-465）。

图2-457　1908年伦敦奥运会英国和美国的摔跤冠军着装

图2-458　1912年斯德哥尔摩奥运会摔跤比赛俄罗斯和芬兰运动员着装

图2-459　1920年安特卫普奥运会瑞典摔跤运动员着装

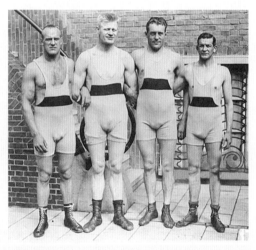

图2-460　1928年阿姆斯特丹奥运会瑞典摔跤运动员着装

图2-461　1948年伦敦奥运会自由式摔跤印度和土耳其运动员着装

图2-462　1964年东京奥运会自由式羽量级摔跤日本和苏联运动员着装

图2-463 1968年墨西哥奥运会78公斤级自由式摔跤日本和苏联运动员着装

图2-464 1984年洛杉矶奥运会自由式摔跤美国运动员着装

图2-465 1992年巴塞罗那奥运会摔跤比赛美国运动员着装

2000年前后，摔跤服装的款式开始变得标准化、规范化，也出现了更加显眼、有标识性的印花、条纹等图案设计，使摔跤服装的细节设计更为完整（图2-466、图2-467）。女子摔跤的引入使服装更加规范，高胸的无袖款连体短裤紧身摔跤服，图案设计更加精细、复杂（图2-468、图2-469）。而后的摔跤服装走向更加专业、精细、美观的设计方向（图2-470、图2-471）。

图2-466 2000年悉尼奥运会58公斤级摔跤比赛罗马尼亚和德国运动员着装

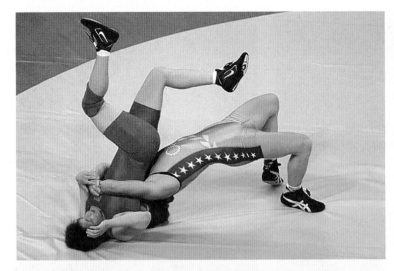

图2-467　2004年雅典奥运会63公斤级女子自由式摔跤中国和美国运动员着装

图2-468　2008年北京奥运会48公斤级女子自由式摔跤美国和日本运动员着装

图2-469　2012年伦敦奥运会女子自由式55公斤级摔跤日本和加拿大运动员着装

图2-470　2016年里约热内卢奥运会男子古典式75公斤级摔跤比赛伊朗和匈牙利运动员着装

图2-471　2020年东京奥运会男子古典式77公斤级摔跤比赛日本与匈牙利运动员着装

三、拳击

拳击（Boxing）是运动员双方通过拳头对抗，进行体能、技术和心理的较量。拳击竞技的具体表现形式是两人在正方形的绳围比赛场地中，戴着特制的柔软手套，按一定的规则和技术要求，进行攻防对抗，攻防的武器只能是戴上特制手套的两只拳头，攻防的目标只限于腰髋以上的身体部位。拳击被人们称作"艺术化的搏斗"。

拳击最早在古代奥运会中出现，现代奥运会于1904年圣路易斯奥运会首次将拳击列入正式比赛项目。1912年斯德哥尔摩奥运会因举办国瑞士禁止拳击项目而缺席，后自1920年至今都是奥运会常设比赛项目。奥运会拳击项目在1912年之前只对男性开放，2012年伦敦奥运会将女子拳击也列为正式项目。

初期比赛的规则、设备和安全标准相对原始，拳击手的服装也相对基础，他们通常穿着普通的运动服，如短裤和背心，提供基本的舒适性和灵活性（图2-472~图2-482）。

拳击手套是拳击项目的重要保护装备，既是对拳手自身，也是对对方的保护。佩

图2-472　1908年伦敦奥运会英国拳击运动员着装

戴拳击手套也使拳击比赛对决更加激烈，场面更加刺激。

图2-473　1920年安特卫普奥运会美国拳击运动员着装

图2-474　1924年巴黎奥运会阿根廷拳击运动员着装

图2-475　1932年洛杉矶奥运会德国和阿根廷拳击运动员着装

图2-476　1936年柏林奥运会德国拳击运动员着装

图2-477　1948年伦敦奥运会伊朗和加拿大拳击运动员着装

图2-478　1952年赫尔辛基奥运会美国和瑞士拳击运动员着装

图2-479　1960年罗马奥运会波兰、美国、澳大利亚拳击运动员着装

图2-480　1964年东京奥运会美国和苏联拳击运动员着装

　　拳击选手穿着的披风，也称作入场披风或战袍，虽然在比赛中没有实际的功能性作用，却承载了许多象征意义和心理作用。披风通常用来展示拳击手的个性、风格和个人品牌。它们可以被定制，带有特定的颜色、图案、标志或口号，有时甚至包含故事元素或代表选手家乡的符号。此外，披风作为一种传统装备，增强了拳击作为一项运动的仪式感和传统感。在一些大型的拳击赛事中，选手的入场披风还包含表演元素，有时会进行华丽的

展示，以增加比赛的观赏性和娱乐性。它是拳击比赛视觉文化的一部分，为观众提供了一种视觉上的享受。穿上披风时，拳击手能做好进入比赛状态的心理准备（图2-482）。

图2-481　1968年墨西哥奥运会美国和罗马尼亚运动员着装

图2-482　1976年蒙特利尔奥运会美国拳击运动员获得75公斤级金牌时的着装

20世纪80年代开始，随着对运动员安全的更大关注，拳击服装开始包括额外的保护设备，如头盔、护齿和护腹。头盔的引入是为了减少头部受到的冲击，其使用一直延续至今（图2-483~图2-491），尤其在女子拳击项目中。

近年来，奥运会拳击服装也开始向个性化和品牌化发展。运动员往往选择带有个人标志或国家颜色的服装，以展示个人风格和国家荣誉。品牌赞助在现代奥运拳击中变得越来越普遍，运动品牌会为运动员提供专业定制的装备。

图2-483　1984年洛杉矶奥运会美国拳击运动员着装

图2-484　1988年汉城（现称首尔）奥运会美国和韩国拳击运动员着装

图2-485 1992年巴塞罗那奥运会美国和巴西运动员着装

图2-486 1996年亚特兰大奥运会坦桑尼亚和加拿大运动员着装

图2-487 2000年悉尼奥运会东帝汶和加纳拳击运动员着装

图2-488 2004年雅典奥运会古巴运动员获得男子拳击54公斤级胜利时的着装

图2-489 2008年北京奥运会英国和哈萨克斯坦运动员着装

图2-490　2012年伦敦奥运会女子51公斤级比赛美国和中国运动员着装

图2-491　2020年东京奥运会爱尔兰和泰国女子拳击运动员着装

四、柔道

柔道（Judo）起源于日本，是将中国武术的踢、打、摔、拿以及日本的武技、柔术等技术融为一体而成。1882年东京永昌寺开设讲道馆，1884年柔道段位制设立，1890年女子开始柔道训练，1900年柔道竞赛规则制定，1931年日本建立世界上第一个女子柔道协会。柔道首次在1932年洛杉矶奥运会上亮相，以示范形式进行。第二次世界大战后，柔道传播到欧洲和美国等地。1964年东京夏奥运会，柔道正式成为男子奥运会项目。1988年汉城（现称首尔）奥运会，女子柔道作为示范项目出现，在1992年巴塞罗那奥运会上，女子柔道正式成为比赛项目。

柔道练习和比赛必须赤足穿柔道衣进行。柔道衣分为上衣、下衣（裤子）、腰带。柔道服通常由厚棉布制成，部分服装使用双层厚棉布，它的主要特点是厚实，腰部以上的部分紧密编入棉绳，直门处编入双层棉绳，厚度可达5mm，更加坚固耐用。柔道服的面料要具有极高的抗撕裂性能，确保在比赛中不被对手撕坏。

上衣应遮住臀部，袖子长度应稍微超过前臂中部，袖口围度比前臂最粗的部位大5厘米以上。下衣的长度要求稍微超过小腿的中部，裤腿围度比小腿最粗的部位大7厘米以上。为了防止上衣散开，腰带要打结束紧。结的两端须余有15厘米的长度。比赛时，双方运动员要系不同颜色的标志带。柔道上衣各部位都有名称，有左里领、左前领、左里袖、左中袖、前腰带、左横带、左袖口、左内裆、裤腿口、左横领、后领、左后带、后腰带等，右面各部位名称与左面相同，只是有左、右之分。

柔道服初创时，只有白色一种颜色，日本人认为白色代表无可比拟的圣洁和崇高形象，比赛时双方选手通过分别系红色和白色道带来进行区分（图2-492~图2-497）。1997年，为了提高柔道的观赏性和便于裁判区分两方选手，国际柔道联合会引入了蓝色的柔道服，运动员一方穿蓝色的柔道服，另一方穿白色的柔道服。2000年及以后的奥运赛场上，可以看到比赛双方穿着白、蓝两色的柔道服（图2-498~图2-503）。

图2-492　1964年东京奥运会男子68公斤级柔道项目苏联、日本、瑞士运动员着装

图2-493　1972年慕尼黑奥运会柔道比赛英国与韩国运动员着装

图2-494 1976年蒙特利尔奥运会柔道比赛波多黎各和塞内加尔柔道运动员着装

图2-495 1984年洛杉矶奥运会英国和荷兰柔道运动员着装

图2-496 1988年汉城（现称首尔）奥运会比利时和韩国柔道运动员着装

图2-497 1996年亚特兰大奥运会女子柔道52公斤级决赛法国运动员获得金牌时的着装

图2-498 2000年悉尼奥运会柔道比赛澳大利亚和意大利运动员着装

图2-499 2004年雅典奥运会女子57公斤级柔道比赛朝鲜和德国运动员着装

图2-500 2008年北京奥运会古巴、罗马尼亚、阿根廷和日本柔道运动员着装

图2-501 2012年伦敦奥运会波兰和日本柔道运动员着装

图2-502 2016年里约热内卢奥运会女子63公斤级比赛荷兰和法国柔道运动员着装

图2-503　2020年东京奥运会日本和德国运动员着装

五、跆拳道

跆拳道（Taekwondo）是一种起源于韩国的武术，结合了传统的韩国武术技巧和其他亚洲武术元素，20世纪下半叶开始在国际上推广，逐渐成为一项受欢迎的竞技体育。1988年首尔奥运会和1992年巴塞罗那奥运会中，跆拳道作为展示项目被引入，2000年悉尼奥运会正式作为比赛项目首次亮相，并成为固定项目。

跆拳道服装称为"道服（Dobok）"，是跆拳道运动员的标准装备，包含上衣（类似于夹克）、裤子、腰带，道服设计宽松，确保运动员在练习和比赛中有最大的活动自由度。道服通常为白色，象征着和平、纯洁、简朴。随着运动员级别的提高，腰带的颜色会发生变化，从白色到黑色，中间有黄色、绿色、蓝色、红色等不同级别的彩色腰带。

道服通常由轻质、透气的面料制成，如棉或棉混纺材料，有助于保持舒适、吸汗排湿。道服不仅是一种实用的运动服装，还代表了跆拳道的传统和精神。穿着道服是学习和练习跆拳道的一部分，也是对跆拳道文化的尊重。

图2-504~图2-508展示了历年来奥运会跆拳道服饰的发展。

图2-504 2000年悉尼夏奥会男子跆拳道项目运动员着装

图2-505 2004年雅典奥运会女子跆拳道比赛颁奖仪式古巴、中国台湾、泰国运动员着装

图2-506 2008年北京奥运会女子跆拳道比赛颁奖仪式挪威、墨西哥、巴西、英国运动员着装

图2-507 2012年伦敦奥运会男子跆拳道比赛西班牙和伊朗运动员着装

图2-508 2020年东京奥运会女子跆拳道比赛哥伦比亚和克罗地亚运动员着装

第三章

奥运服装的历史演进

根据服装的发展阶段将现代奥运会分为早期（1896—1936年）、中期（1948—1984年）和近期（1988年至今）三个阶段。

第一节　早期奥运服装的发展

首届现代奥运会于1896年在雅典举办（图3-1），设有田径、击剑、射击、自行车、网球、体操（竞技体操）、游泳、举重、摔跤（古典式摔跤）九大比赛项目。1900年第二届巴黎奥运会增加马术、射箭、足球、水球、赛艇、帆船、高尔夫等比赛项目，1904年第三届圣路易斯奥运会增加拳击、摔跤（自由式摔跤）项目，1908年第四届伦敦奥运会增加曲棍球项目，1912年第五届斯德哥尔摩奥运会增加现代五项运动，至此奠定了后期奥运会比赛项目的基础。

图3-1　1896年雅典奥运会盛况

一、贵族定制服装的烙印

早期阶段，根据顾拜旦提出的业余原则，奥运会参与者都是业余运动员，主要集中在贵族精英阶层。首届奥运会浓缩了工业化世界城市精英及体育文化的精华，来自希腊、法国、美国、英国、匈牙利、奥地利、德国、英国、意大利、丹麦等国家和地区的241名男性运动员大多数都是资产阶级和贵族子弟，职业包含军官、律师、建筑家、工程师等，甚至还有来自哈佛大学、普林斯顿大学、波士顿高级体育俱乐部和牛津大学的男大学生，他们均出身名门世家，只有少数几名运动员来自希腊的普通家庭。

这一时期并没有出现合适的运动服装，参赛时选手穿着相对适合运动的服装，多是日常着装的改良款。发端于贵族、资产阶级的运动如网球、马术、射击等比赛项目，带有鲜明的贵族色彩，这类运动是上层人士的社会交际行为，带有礼仪性质，这类参赛选手在比赛中穿着定制的服装，"白色是早期运动会的标准，19世纪的运动服装通常是白色的，问题是花费太高。白色更容易脏，清洗成本高，是让运动员远离劳动阶层的一个办法。"可见，这类运动项目的比赛服装体现了贵族的、绅士的审美趣味，是社会身份的象征（图3-2、图3-3）。

图3-2　1896年雅典奥运会首届马拉松冠军希腊人斯皮里顿·路易斯

二、天然材质的使用

田径、自行车、足球、曲棍球、体操、拳击、举重、摔跤等项目的早期着装主要是背心、短袖T恤或衬衫搭配及膝短裤、长裤（马拉松和体操选手穿着长袖上衣和长裤）。击剑、网球、射击、射箭、马术、高尔夫球等项目早期穿着日常套装或连衣裙，有时会搭配礼帽。这一时期的服装面料主要是棉、羊毛、亚麻等天然纤维，丝绸因其轻盈和柔软的特征被用作内衬，鞋子都是皮制品。

图3-3　1896年法国自行车冠军保罗·马森（Paul Masson）受到希腊王子的祝贺

1884年伦敦举办的"国际健康博览会"推广了一系列符合美学和改革要求的服装，其中包括羊毛服装，古斯塔夫·耶格博士认为棉花、亚麻和丝绸在穿着的过程中会积累污染物，而羊毛不会，因此他提倡日常穿着天然、未染色的针织羊毛内衣，并创办公司生产羊毛衬衫和其他服饰，这些服装改革者对运动服装产生了一定的影响。

三、军服形制的影响

体育与军事存在较深的渊源，奥运会对荣誉的追求和军人的威严感与荣誉感不谋而合。奥运会中的现代五项运动来源于军队中士兵的训练项目；团体操和射击体现了军队礼仪文化，暗示了一个民族的潜在力量，团体操具备了特殊的礼仪功能，可以在节日、检阅和列队进行中表现爱国主义和战斗精神。在1900年第二届巴黎奥运会上，这两个项目就占据了统治地位。

第一届奥运会上出现参考军服统一性和元素设计的团队服装。来自美国普林斯顿大学的田径队队员穿着整齐的白色套装（图3-4），上衣有统一的分割拼色设计，这是来源于军服的绶带装饰，绶带通常从右肩挎至左侧腰部，是军服中的礼仪性装饰物，裤腰和侧缝的拼色条纹设计也来源于军服中的条纹结构。这套服装是他们的大学田径队队服，在参加奥运会的时候，在队服左胸上方粘贴了本国国旗。1900年第二届巴黎奥运会上统一在田径服装胸前粘贴号码牌（图3-5），也有更多的国家出现统一的团队服装。

早期奥运会大多数项目的运动服装借鉴了军服的设计。早期参加马术、射击比赛的军官穿着军服参赛，马术、击剑等运动项目的服装有明显的军服元素，较为简洁的田径服装（图3-4、图3-5）、自行车服装（图3-6）等也带有一些军服的元素。

图3-4　1897年美国普林斯顿大学田径队（其中部分人参加了第一届奥运会）

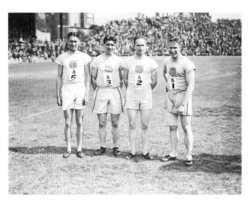 

图3-5　1900年巴黎奥运会田径比赛美国4×100米接力短跑运动员着装

图3-6　1908年伦敦奥运会2000米自行车双人赛中获得金牌的法国运动员着装

四、社会运动潮流盛行

竞技娱乐活动的特点之一是存在社会阶层之分。网球、马术、击剑、射击是起源于贵族和资产阶级的运动；而游泳、射箭等起源于日常竞技游戏，起初属于赌博性质的大众运动。19世纪末出现的室内温水游泳池使游泳活动规范化，小资产阶级推动游泳竞赛随后得到了一般性的普及。

1885年英国发明家发明了有链条且前后轮大小相同的"安全自行车"（图3-7），导致了一股骑行热潮。这种安全自行车是现代自行车的前身。贵族们将在乡村骑行享受美景作为一种新奇的休闲方式，而狂热的爱好者将其发展成为一项竞技比赛。女性当时的紧身胸衣和长裙并不适合这项运动（图3-8），所以导致五花八门的着装，有人将长裙束口穿着，有人在长裙里穿一条裤子，更大胆的女性穿上灯笼裤。这迫使女性服装继续改革。

图3-7　1885年发明的"安全自行车"

图3-8　19世纪末女性骑自行车着装

19世纪50年代的"反时尚者"、19世纪50年代的"唯美服饰"、19世纪70年代大西洋两岸的"服饰改革"都促使服装往更实用、更简洁、更自由的方向发展。19世纪80年代，英国的"理性服饰"发展迅速，在服装改革下产生了更实用的运动服，"散步服装""海滨服装"成为流行（图3-9）。槌球在19世纪60年代十分受欢迎，和其他户外运动共同影响下产生了新的实用短裙。男装趋于简洁，1890年以来一种时髦男士衣橱必备的宽松短外套，从运动服装转变为日常服装，成为主要的一款男装。圆角礼服从骑马这一项早晨运动所穿的服装演变而来，因此被称为晨礼服。

（a）散步服装　　　　　　　　　　　　（b）海滨服装

图3-9　19世纪80年代的女性着装

20世纪10年代，奥运会增强了公众对体育的兴趣。女性能够参与多个体育项目，专业运动服装成为必需。曲棍球运动员穿衬衫和半裙搭配领带，同样的着装也适用于高尔夫和网球运动（图3-10）。20世纪10年代末，女性运动服体现了时装的变化，更短、更实用的裙子被越来越多的人接受（图3-11）。更多女性参加游泳运动，这推动了女士泳衣的发展。20世纪30年代，适用于沙滩、运动等多种场合的服装被称为"玩耍服装"。专业的网球和高尔夫选手的服装延续了20世纪20年代实用为主的特点，业余爱好者的服装则没有那么实用，追随日常服装的时尚步伐，例如使用机织面料和长裙摆。实用款式得到进一步普及，例如很多运动都采用了开衩裙。

图3-10　20世纪10年代的运动服装

图3-11　20世纪10年代的时装

20世纪30年代，泳衣中使用的弹性纱线和松紧线增加了合身度，背部可调节的泳衣让人们在晒出古铜色肤色的同时减少晒痕，露背款式已有出售，泳帽制造商宣称改进的泳帽可以防止头发被弄湿。两件套泳衣已经很普遍，这种款式会露出上腹但能遮住肚脐（图3-12）。机织面料采用了动物主题和蜡染风格的印花图案，还对面料进行了抛光处理。运动服装的图案更加丰富，小巧的印花、波点、格纹让运动服装更加丰富多彩。受运动服装影响，这一时期的着装也更为大胆、开放。

图3-12　20世纪30年代的泳衣

五、时装品牌青睐运动服装设计

19世纪60年代，英国流行帆船项目，各国的富人前来英国参加帆船比赛，离比赛场地不远的雷德芬公司开始为讲究衣着品位的女性提供运动服装和正装。水手服是雷德芬女士海边服装和帆船运动服装的灵感来源，之后成为一种流行的款式。除了度假和帆船服装，雷德芬还是许多运动服装的引领者，包括网球和骑马套装。雷德芬后来推出了适合网球等运动穿着的紧身针织上衣，英国皇室亚力山德拉公主和舞台演员兰特里对这一款式的推广起到了重要的作用，这些时尚偶像热爱运动，她们的运动服装为其他女性设立了时尚标准。奥地利皇后伊丽莎白在远足和射击的时候穿着定制外套和配套的长至脚踝的裙子；打网球时穿着时髦的百褶裙；射箭时穿着时髦的午后连衣裙；骑马时穿着优良裁剪的定制服装——修身外套和长裙，头戴礼帽。

20世纪20年代，体育运动在上流社会日益盛行，一些服装设计师尝试新的理念。巴杜在时装精品店开设了"运动角落"，专门陈列运动服装。勒隆和他的设计团队认为运动是现代时尚必不可少的一部分，进一步发展了"活动的设计"的概念，结合了动力和光学推出所谓的"动力光学"设计。简·雷尼原来是一名网球运动员，后来转行做服装，在1923年创立了自己的时装屋，恰好赶上了香奈儿和巴杜引领的运动服装浪潮的顶峰，雷尼主要提供运动服、针织衫和毛衣，常运用装饰艺术风格的几何图案。

博柏利（Burberry）品牌在1879年研发出了轻便、防水且透气的华达呢面料，这种面料最初是为户外运动者研发的。1895年，博柏利经典的风雨衣——一种有腰带的风雨衣诞生（图3-13）。第一次世界大战时期，这款雨衣是英国军官的服装（图3-14）。"诺福克外套"在打猎和高尔夫运动时颇受欢迎，常以传统的混色粗花呢面料制作，长至大腿，款式宽松，背部有褶裥便于活动，前面有纵向的带子用来保护衣服因吊带摩擦而磨损，宽大的有盖口袋和贴袋可以用来装高尔夫和其他物品。这一款式因有浓厚的休闲味道而成为男士衣橱的必备单品（图3-15）。

图3-13 博柏利经典风雨衣　　　　　　　图3-14 博柏利品牌为英国军官提供的防水外套

那些原本只用于网球、板球和划船等运动的浅色服装逐渐成为时尚男装。水手领、水手领结和蓝白配色顺应了女装的航海风潮，也有男式泳衣套装与此风格类似。在一些只有男士的场合，男士游泳只穿四角泳裤。多数情况下男士穿连体或两件套的泳衣，用深色羊毛针织面料制作并装饰条纹。女性常穿游泳凉鞋和黑色长袜，男士则赤足。"澳大利亚美人鱼"凯勒曼开发了一种用于比赛的连体泳衣——男童的针织泳衣套装加上长筒袜（图3-16）。

越来越多的女性对剧烈运动表现出比以往更加浓厚的兴趣，并亲自参与其中。参加羽毛球和射击运动时，上流社会的女性穿着时髦的"运动服装"。针织毛衣和喇叭形及踝半裙让女性在参加很多运动时灵活自如。某些热爱运动的女性甚至参加马球、飞行、击剑和骑摩托车等运动。爱冒险的女性参加远足和其他类似运动时穿着裤装。为适应特定运动的需要，运动鞋也得到进一步发展。

另一个重要的变革出现在美国俄勒冈州的波特兰市，波兰特针织公司为一个男士划艇俱乐部设计了针织套装，20世纪初，这个针织套装演变成为罗纹针织泳装（图3-17）。1932年夏，英国和北美洲的很多男性开始和欧洲男性一样不穿上衣游泳。棕榈滩很快接受了这股潮流并广泛流传开来。1934年，詹特森推出了一款在腰部用拉链连接泳衣和泳裤的泳装——"The Topper"（图3-18）。度假服装成为一个重要分支，从正式的浅色亚麻套装到非正式的水手针织衫和针织马球衫应有尽有。1933年，网球明星莱纳·拉格斯特推出了带有鳄鱼（Lacoste）商标的针织衫。泳衣在技术和造型上都有所改进。冠军公司（Champion Company）推出了一款连帽衫，最初用作工作服，改进后也用作运动服装，此款服装强调便于打理和经久耐用。"速干纤烷丝"（Quick Dry Celanese）用于制作套头衫、泳裤、运动衫和内衣。很多服装配上了松紧线，尤其是短裤。

图3-15　诺福克外套

图3-16　凯勒曼发明的新款泳衣

图3-17　20世纪初的针织泳衣　　　　　　图3-18　上半部分可拆卸的"The-Topper"泳衣

六、女性解放推动服装变革

19世纪90年代，女性运动服装分类更细，也更容易买到。以前仅限于贵族阶级穿着的休闲活动专用服装，如骑行服装、高尔夫服装或者是网球服装，在中产阶级更加普及，对时装产生的影响也越来越大。射击和徒步服装更加普及，通常包含一条长度在脚踝以上的裙子。女式毛衣在休闲场合日益普及。女子学校对运动的重视让体育专用服装成为必需品。

伦敦是各种运动服装生产的领导者，零售厂商的广告语是"（提供）女性运动所需要的一切"，有些定制运动服由七分长外套和裙摆长度到达膝盖或小腿的半裙组成——通常有褶裥或者隐蔽的开衩。许多时尚杂志宣传羊毛针织衫，若干制造商推出了专为高尔夫等运动设计的针织套装。女士滑雪服由羊毛针织衫或针织外套和半裙组成，同样的套装也用于其他冬季运动，例如滑雪和滑冰。专业的运动内衣得到进一步发展，但是，一些女性参加运动时仍然穿着僵硬的紧身胸衣。

20世纪初，为了体现女性解放，女性开始穿着及膝马裤，这时的女式骑马服和男式没有什么区别（图3-19），美国更快接纳这种时尚。运动服装和男装（包括军队制服）对香奈儿这个品牌风格影响很大，设计师甚至将简约的运动服装用于高级时装（图3-20）。

20世纪20年代，"假小子"风貌流行，这是女性在获得选举权之后的一种情绪宣泄，她们剪短头发、穿男性化或者中性化的衣服。服装的款式多样，涵盖运动风格的套装和近似

图3-19 20世纪初的骑马服装　　图3-20 香奈儿女士骑马服装

男装的女装。这一时期的服装结构和款式更加简单，设计师一般使用印花面料或者在表面装饰细节。运动服装中使用对比鲜明的面料拼接成几何图案，裁剪和装饰细节不对称也很常见。

七、体育明星引领运动时尚

这一时期的体育明星也给大众带来了巨大的影响：网球明星苏珊·朗格伦、瑞恩·拉克斯特、海伦·威尔斯，游泳冠军格特鲁德·埃德尔、约翰尼·韦斯默勒（图3-21），棒球手贝比·鲁斯，拳击手杰克·登普西（图3-22）均对时尚产生了影响，时髦的男女争相模仿他们，同时也对这些体育运动更加热情。运动风对内衣的结构产生了影响，方便行动成为设计的首要标准。运动风的流行甚至影响到了童装，童装也逐渐强调舒适和便于活动。

图3-21 约翰尼·韦斯默勒，美国游泳运动员，1924年巴黎奥运会游泳冠军，获得过28项世界纪录，退役后成为好莱坞电影演员，出演过《人猿泰山》

图3-22 杰克·登普西，美国早期拳王，获得过世界中量级冠军

八、时尚杂志对运动装的关注

国际化的体育比赛尤其是网球和高尔夫锦标赛引起很多媒体的关注，《高贵品位》杂志和西尔斯商品目录等刊登了为各种体育运动设计的运动服装。

1892年创刊的*VOGUE*杂志早期多次以帆船、狩猎、骑马、自行车等运动为封面形象（图3-23、图3-24）。1894年，《时尚芭莎》杂志记录了一位穿着骑行裤装的女性作为封面女郎。同年，安娜·海德从波士顿出发，花了一年半时间完成了她的环球自行车之旅，她前卫和大胆的行为，挑战了当时社会对女性的预期和限制，证明了女性力量。1897年，波士顿的乔丹·马什百货商店隆重推出"安娜·海德女性骑行套装"，这种服装是一种优雅兼顾安全性的全新风格。1900年，《时尚芭莎》杂志刊出了专为汽车和自行车等流行活动设计的全新服装（图3-25），1912年刊出的插图描绘出新型面料的男士时髦运动服装（图3-26）。

图3-23 *VOGUE*1983年8月12日刊，骑马的女性

图3-24 *VOGUE*1983年10月12日刊，狩猎的女性

图3-25 《时尚芭莎》1900年4月刊，坐汽车和骑自行车的时髦女人

图3-26 1912年新型面料的男士运动装

九、运动品牌的诞生

美津浓（Mizuno)于1906年在日本大阪创立，匡威（Converse）诞生于1908年的美国，FILA斐乐品牌于1911年由斐乐兄弟在意大利比耶拉创立，卡帕（Kappa）品

牌于1916年在意大利诞生，泳装品牌速比涛speedo成立于1928年的澳大利亚，茵宝Umbro1924年成立于英国，迪桑特（DESCENTE)于1935年创建于日本，这一时期是运动品牌依次出现的开端，它们随着现代体育的发展而涌现并为运动服务，用其独特的品牌文化和精神，保持着在运动领域和服装领域的独特影响力。

第二节　中期奥运服装的发展

一、合成纤维出现

20世纪30年代，合成纤维出现并不断发展，聚酯纤维（涤纶，1940年合成），聚酰胺纤维（锦纶，1939年合成），聚氯乙烯纤维（氯纶，30年代中期合成），氨纶（莱卡，1937年研究成功，1959年生产）等化纤制作的运动服装，以其耐光、耐磨、易洗易干、不霉烂、不被虫蛀等优点被广大运动员及运动爱好者所热爱，使运动服装的性能得以真正改变。

20世纪40至50年代是合成纤维创新与起步、人造纤维快速成长的阶段。许多合成纤维品种陆续问世，聚酰胺、聚酯和聚丙烯腈这三种最重要的合成纤维在20世纪50年代相继投产。同时，人造纤维（主要是黏胶纤维）由品种开发向规模化转变，产量飙升，至1950年产量已达161.2万吨，占化学纤维总产量的94.4%。1955年，最新的合成纤维——涤纶在大西洋两岸投入商业化生产。在制造商的大力营销下，合成纤维得到了消费者的青睐，这对当时的传统纤维行业造成了威胁。合成纤维的一些缺点（手感粗糙、发黄和吸收透气性差）通过和天然纤维混纺得以改善。随着合成纤维的品种日益丰富，品牌变得重要。运动服装顺应了这一面料的更迭，新颖运动服对于面料的娴熟运用是新的特色。

二、化学纤维趋于成熟

20世纪60至70年代中期，是人造纤维趋于成熟、合成纤维快速成长的阶段。人造纤维的产量虽然仍在增加，但从60年代中期起增加的速率趋于平稳。而合成纤维由品种开发向规模化生产转变，产量飙升，在1968年首次超过人造纤维。特别是聚酯纤维，发展十分迅速。这时，化学纤维工业发展到了生产高效化、自动化、大型化阶段，大型的生产厂不断投产以满足实际生活中的需要，产量迅速提高。

从20世纪70年代中期起，发达国家的化学纤维工业进入了成熟阶段，增长速率开始放缓，而发展中国家和地区还处于成长阶段。从此，化学纤维的用途不断扩大，市场竞争加剧。各纤维生产厂商更加重视新产品开发，力争掌握市场竞争的主动权。化学纤维的发展进入了一个发展重点由"量"转向"质"、由常规产品转向新产品的阶段。

美国杜邦公司1964年发现芳纶材料卡夫拉具有质轻、强度高、韧性好的特点，可用作击剑服装的防护内衣。

美国戈尔公司于20世纪70年代开发了高性能防水透气面料戈尔特斯（Gore-Tex）。戈尔特斯面料的独特之处在于它的微孔结构：每平方英寸约有90亿个微小孔洞。这些孔洞能阻止水滴穿透，但足以让水蒸气（如汗水水蒸气）逸出，从而保持防水性同时又具备透气性。质轻透气的戈尔特斯产品适用于跑步夹克和自行车装备，帮助运动员在恶劣天气条件下保持干爽。这种被称为"世纪之布"的面料为户外运动服装和城市休闲服装带来了革命性的影响。

三、战争造成的短暂阻滞

第二次世界大战使奥运会被迫中断，第十二届和第十三届（应在1944年和1948年举办）奥运会停办，服装产业发展也受到阻滞。由于战时物资短缺，很多国家出台了关于服装的特殊政策。1941年，法国开始实行与服装有关的限制，限制消费者购买和使用布料。英国采取定量配给和"实用服装"（图3-27），服装需使用配给券购买，成立专门机构设计实用的民用服装，

图3-27　20世纪40年代英国的"实用服装"

提倡节俭。美国反其道行之，鼓励时尚，连续举办时装设计展览和比赛，但是也制定了L-85的限制令，规定了服装制造商使用材料的数量。德国受法国时尚产业的影响，在德国成立时尚学院，提倡健康的女性形象、强壮、运动型的模特出现——这是对20世纪20年代以来苗条、精致的巴黎女性为主流的审美标准的反击。

四、时尚之战卷土重来

战时的动荡，似乎并没有影响一些设计师的创造。克莱尔·波特一直致力于国际风格运动装的设计。自行车的出行方式也促使穿在半裙下的裙裤出现。这一时期的网球服装采

用简单的衬衫式连衣裙的款式，裙摆在膝盖以上十几厘米。一件式和两件式的泳装都很受欢迎，1943年，推出两件式性感套装，特点是泳裤两侧和泳衣前面系带。

战后爆发了新的时尚风潮，以克里斯汀·迪奥为代表的设计师创造了新的服装廓型。维多利亚时代的马术服为迪奥的设计提供灵感。有设计师将美国运动服装的概念引入高级时装。户外运动或骑自行车的时候，人们穿着运动服装或者工作服装，这些服装受异域风情的影响，色彩特别鲜艳，"在黑暗中也能看见"。詹特森和其他品牌也推出时髦的泳衣，进军紧身衣市场。1946年法国时装设计师雅克·海姆（Jacques Heim）设计了一款极简主义的两件式泳衣，后来这种分体式泳衣被统称为比基尼，它的诞生是女性泳装历史上最重要的时刻。"比基尼"泳衣的发明，虽然当下没有立即被民众接受，但也预示着更为开放、自由的着装趋势（图3-28）。1948年，美国设计师安妮·克莱恩创立了"少年老成"服装公司，提供青少年尺码的精致运动服装，满足青少年和大学女生希望穿得更加成熟的愿望。

图3-28　1946年的美国时尚女性泳装形象

五、紧身服流行

短款紧身衣在西方历史上是平民所穿着的服装。几个世纪以来，西方贵族阶级垄断着丰富的物资，他们追求装饰丰富、耗费布料的服装款式，颁布"禁奢令"限制穷人穿戴奢华服装，宽松、多褶服装是贵族身份象征。战争、经济危机、运动风潮等因素为紧身服装的流行奠定了社会基础，20世纪50年代，一些学校和健身机构将传统的紧身衣用作运动服装（图3-29）。20世纪60至70年代美国率先刮起了健身文化风，运动健身带来的壮硕肌肉成为活力、意志力的象征，一时间，对这种健美肌肉的崇拜掀起了紧身衣的风潮。丰富多彩的紧身衣出现在芭蕾舞和健身操中，尼龙和氨纶面料的不断革新也支持了这股流行（图3-30）。20世纪90年代穿着紧身衣的田径运动员引起轰动，这种紧身衣既能为运动员提供有效的肌肉包裹、支撑和保护，又能帮助运动员实现最佳运动效率，增强球员的力量和耐力，同时完美勾勒出运动员健硕的身形。紧身衣也成为运动服装的时尚廓型（图3-31、图3-32）。

图3-29　1954年的紧身运动衣

图3-30　1963年推出的新款时尚泳衣

图3-31　1975年的时尚网球服装

图3-32　1982年的时尚运动套装

　　紧身衣在运动领域的实用性极强，成为当今运动的标配，也是各大运动服装品牌畅销的产品。

六、媒体传播促进运动发展

　　1954年《体育画报》（Sports Illustrated）首次发行，大量内容与运动服有关

（图3-33）。1968年墨西哥奥运会开启了彩色电视直播的新时代，给人们造成极大的视觉冲击。热播电视剧《我爱露西》也推动人们接纳更加时髦的运动服。电影中塑造的女性形象体态健美，男性形象强健且擅长运动（图3-34）。20世纪70年代起，阿诺德·施瓦辛格、希尔维斯特·史泰龙等主演的电影广泛流行，他们的健美身材也成为人们崇拜和模仿的对象（图3-35）。

图3-33　1955年8月版《体育画报》

图3-34　电视剧《我爱露西》剧照，露西在健身房

图3-35　年轻时的阿诺德·施瓦辛格的健美身材成为人们崇拜和模仿的对象

七、强身健体的运动需求

　　人们对健康和锻炼的关注使运动服装市场得到了快速发展。慢跑服装和热身服装通常采用针织棉或者维罗尼面料。很多人运动时穿着腰部有弹性且边饰醒目的短裤，这种款式被称为"健身短裤"。运动鞋开始成为时尚单品，著名运动员的代言促进了运动鞋的发展。网球服装依然以白色为主，采用紧身的流行廓型许多网球明星对时尚产生了影响。适合徒步和户外运动的服装款式进入大众的衣橱，法兰绒衬衫和帆布野战衣非常受欢迎。丁字裤泳装和系带式比基尼问世，侯斯顿推出了令人震惊的连体泳装，通常使用不对称的裁剪。1976年，舞蹈服装巨头丹思金开始推出锦纶和氨纶混纺面料制作的贴身泳衣。

八、奥运会商业化发展

　　"1978年奥委会宣布第23届奥运会举办城市，奥运自此启动商业化尝试。"1984年，洛杉矶奥运会的纯商业化管理模式为后期奥运商业化刻画了一个模板。奥运会电视转播权和奥林匹克全球伙伴计划（TOP）带来的巨大收益成为国际奥委会的主要收入来源，并使国际奥委会在短时间内扭亏为盈。广播电视等电子媒介能够触达全世界绝大多数无缘现场观看奥运会的受众，国际奥委会对业余主义的摒弃让全世界的优秀运动员都能够参与到奥运会的比赛中，其商业价值得到进一步巩固和提升。

九、体育明星及代言

在足球领域缔造传奇的球王贝利成就远不止足球，他在维护和平、保护环境、帮助贫困儿童方面都作出了卓越的贡献，成为时代的一道光。还有迈克尔·舒马赫（图3-36）、迭戈·马拉多纳、李宁等，这些体育明星都对运动时尚产生了巨大影响。

图3-36　F1车手迈克尔·舒马赫

第三节　近期奥运服装的发展

国际奥委会在20世纪90年代初就摒弃了近百年来的"奥运业余主义"主张，允许部分项目派出职业运动员参赛，这使奥运会的竞技水平得到大幅度提升。1988年第24届汉城奥运会允许部分网球职业选手参赛，这是现代奥运会自诞生以来首次正式允许职业运动员进入奥运会赛场，现代奥林匹克运动从此翻开新的一页，开启了奥运会职业化时代。竞技水平的白热化，促使奥运会服装对专业、创新、时尚、个性提出了更高的要求。

一、突飞猛进的人造纤维技术

20世纪80~90年代是人造纤维产品开发的高潮，大量差别化纤维产品从技术转化为产品。1986年，美国杜邦公司独家研发出四管道涤纶Coolmax，织造的面料具有优异的舒适、透气、排汗性能，被称为"可呼吸的面料"，早期运用在奥运会竞技服装中，如篮球服、乒乓球服等。20世纪90年代后期，已被广泛用来制作运动服装、休闲服装等多种功能性服装。孟山都（Monsanto）公司就于1987年推出了250多种有色纤维，日本则于1988年推出了"新合纤"，高性能纤维的产量在增加，品种在增多，聚苯并双噁唑（PBO）纤维是其代表。远红外纤维、抗紫外线纤维、负离子纤维等一批新的功能纤维相继问世。同时，第三代化学纤维的智能纤维开始崭露头角，例如美国捷威（Gateway）公司（现更名为Outlast技术公司）于1997年生产和销售的蓄热调温纤维。

在开发化学纤维新产品的过程中，形成了一些新的纺丝方法。有异形喷丝孔纺丝、复

合纺丝、干湿法纺丝、冻胶纺丝、液晶纺丝、乳液纺丝、载体纺丝、相分离纺丝、离心纺
丝、涡流纺丝、闪蒸纺丝、高速气流熔喷、静电纺丝以及薄膜切割和原纤化法等。

二、智能纤维

智能纤维具有智能材料的特性，又具有纤维材料的特性，纤维材料长径比大、取向度
高，力学性能高于大多数智能材料。常见的智能纤维有导电纤维、光敏变色纤维、温敏纤
维、形状记忆纤维、智能凝胶纤维、健康型智能纤维材料等。

21世纪，有机—无机杂化纤维、纳米纤维等的研究正方兴未艾，而且还将延续下去。
特别是智能纤维，它在21世纪将充分显示其作为第三代化学纤维的魅力。

现在的击剑装备包含胸甲、护胸、防刺背心、上衣、裤子、面具、手套和击剑鞋等。
使用强化的棉纤维、合成纤维（尼龙、聚酯和涤纶）、金属网格、皮革、橡胶、特制泡沫
等多种材质，以及成本较高的卡夫拉材料来提高击剑服装的安全性。

2020年东京奥运会，韩国射箭选手金济德使用石墨烯增强弓获得了两枚金牌
（图3-37）。这把弓是由韩国运动器材制造商Win&Win发明的，该公司的"WIAWIS"品
牌也生产铝弓，运动员可根据自己的喜好选择铝弓和石墨烯弓。荷兰自行车队的衬衫采用
Directa Plus的可持续G+级石墨烯高性能印花面料（图3-38），TPC材料吸收身体产生
的热量并转移到环境中。

图3-37　韩国射箭运动员在2020年东京奥运会上使用石墨烯增强弓

图3-38　2020年东京奥运会女子自行车公路赛荷兰运动员服装

三、健身文化流行

20世纪80年代健身文化兴起，特别是在好莱坞明星和电视节目中。美国的《至善至美》
《保持饥饿》等电影里对健身运动的宣扬让人热血沸腾，促进了紧身健身服、紧身衫和腰包
等时尚的流行。健美也成为一种流行趋势，并影响了时尚和服装设计，使肌肉T恤和宽松运
动短裤开始流行。鲜艳的颜色、大胆的图案和搭配，如霓虹色彩和抽象图案，成为这一时期
运动时尚的显著特征（图3-39），头带、腕带和其他运动配饰也成为时尚单品（图3-40）。

图3-39　20世纪80年代美国的时尚健身服装　　　　　图3-40　1987年的紧身衣和时尚搭配

　　同时期的中国也提出"发展体育运动，增强人民体质"的口号，全民体育健身逐渐成为一种全国性的时尚与风潮。20世纪70年代，全国各省都开展了形式多样的健身活动，晨跑、拔河、排球、乒乓球、体操、跳水、篮球等运动在国内如火如荼地开展。80年代

开始，武术和霹雳舞热潮席卷全国，弹簧拉力器、上海牌羽毛球拍、蓝衣服白杠杠的梅花运动服、水泥乒乓球台都是新潮物品。20世纪80年代末，美国电影《霹雳舞》在中国上映，这部电影的上映引发了广泛热议，电影里那些青年穿着时尚，在欢快的音乐节奏中用夸张的舞蹈动作跳舞，一时间打破了人们对舞蹈的认知，这样的新型舞蹈很快引起了大批中国青年的模仿，大街小巷都可以看到时髦男女舞蹈的身影。不久后《摇滚青年》上映，这部影片的上映，彻底将霹雳舞推上了巅峰（图3-41）。20世纪90年代成龙的当红电影《福星高照》也体现了健身热潮在日本的流行（图3-42）。

图3-41　电影《摇滚青年》剧照

健美操起源于1968年，1983年首届健美赛在美国举行，1984年首届远东区健美操大赛在日本举行。由于两次大赛的成功举办，1984年起健美操运动在世界各地全面兴起（图3-43）。1987年，北京举办了首届健美操邀请赛，而后其他几个城市也相继举办了健美操比赛（图3-44）。1995年，中央电视台的一档节目《健美五分钟》引发了全新的健身热潮，人们找到了一种全新的健身方式——健美操。在那个年代，几乎每个爱美的女性都会有一条健美裤。

图3-42 电影《福星高照》剧照

图3-43 20世纪90年代美国的健美
操服装

图3-44 20世纪90年代末北京的健美操服装

四、传奇体育明星

参加1992年巴塞罗那奥运会的美国篮球"梦之队"掀起了奥运历史上从未有过的追星狂潮，参加1998年长野冬奥会的来自国家冰球联盟的各国职业球员让奥运会比赛真正成为高水平运动员之间的较量。自此，业余体育与职业体育之间的"灰色地带"变得更加模糊。奥运全球传播开始注重对体育大牌明星的"凝视"，并且对几乎无处不在的奥运赞助商品牌加大了宣传力度。这些变革使得奥运全球传播的价值得到大幅提升。

图3-45 迈克尔·乔丹与Nike Jordan Brand品牌

运动明星如迈克尔·乔丹（图3-45）、马拉多纳和卡尔·刘易斯成为时尚的偶像，"篮球飞人"迈克尔·杰弗里·乔丹是20世纪末优秀运动员的典型代表，他们的着装风格和品牌代言深深影响了80年代的时尚潮流。运动品牌开始创新设计，推出多种款式和颜色的运动鞋和服装来满足日益增长的市场需求。特定的运动鞋款式，如耐克Air Jordan，成为时尚界的标志性产品。

田径飞人尤塞恩·博尔特、飞鱼迈克尔·菲尔普斯、网球天才罗杰·费德勒、拳王泰森等，他们的非凡成绩践行了奥林匹克的体育精神。他们用持续不懈的坚持和超出常人的付出赢得奥运会的胜利，使人们看到人类不断超越自己的可能。中国体育明星"巨人"姚明、跳水皇后郭晶晶、"铁榔头"郎平、中国飞人刘翔，激励了各行各业的人们为中华民族腾飞不懈奋斗。新一代体坛小将全红婵、谷爱凌、华天等代表中国体坛的新生力量，在今后的国际赛事中必将获得更多荣誉。

五、传奇运动服品牌

20世纪80~90年代，运动服装融入日常时尚。部分运动品牌如阿迪达斯（adidas）、耐克（Nike）和锐步（Reebok）成为流行文化的一部分。运动裤、运动夹克和运动鞋不再仅限于运动场合，而是成为街头时尚的重要元素。

耐克在1980年进入改革开放中的中国市场，开始在中国制鞋。1981年，耐克与中国体育服务公司签订协议，为中国国家男女篮球队赞助球鞋和运动服，之后又与中国国家田径队签约，在上海成立了耐克公司中国总部（图3-46），是中国改革开放后最早进入中国市场的跨国公司之一。阿迪达斯在1997年进入中国市场，并在上海设立了大中华区总部及亚洲创意中心，将大中华区列为品牌三大战略重点市场之一。1991—2007年是中国运动品牌蓬勃发展的黄金年代，运动品牌李宁成立于1990年，成为国内体育品牌企业的开拓者，随后安踏、特步、361°、鸿星尔克等本土运动品牌接连涌现。各品牌通过赞助体育赛事、邀请明星代言、投放

图3-46 1981年第一家耐克公司中国总部在上海成立

电视广告等方式提高市场影响力，逐渐进入大众视野。2008年，北京奥运会举办，国内体育产业发展至黄金时期，李宁、安踏等头部体育服饰品牌积极赞助各国代表团，极大提升了自身品牌影响力和国际知名度。

六、嘻哈文化的影响

嘻哈文化起源于20世纪70年代美国纽约布朗克斯的黑人音乐派对，同时涂鸦、霹雳舞、打碟和说唱在东海岸兴起。20世纪80年代，Hip-Hop这个词统称以上四种文化形式为代表的黑人城市文化运动，很快被广泛接纳（图3-47）。嘻哈文化逐渐发展成为一种更加多元的范畴，嘻哈服饰、发型及着装方式从另一个角度表现了嘻哈文化的整体概念和态度（图3-48）。20世纪80年代迪斯科（Disco）风潮过后，乐卡克、坎戈尔袋鼠和阿迪达斯等运动品牌纷纷将自己和嘻哈联系起来。颇具体育美学的一些发型及夸张的金饰被嘻哈界大人物带入公众视野。随着嘻哈音乐越来越主流，嘻哈文化在时尚行业中的影响也越发明显。

图3-47　三叶草贝壳头运动鞋搭配飞行夹克和渔夫帽成为20世纪80年代的标配　　图3-48　Michael Jackson的发型

20世纪90年代是嘻哈文化的全盛时期，Run-DMC的单曲*My ADIDAS*，推动了阿迪达斯的品牌知名度及产品销量，汤米希尔费格是20世纪90年代突出的运动服装品牌（图3-49），而拉夫劳伦、CK和唐可娜儿也分别占有自己的一席之地。这种文化在20世纪90年代对时尚产生了重大影响（图3-50），其中包括宽松的牛仔裤、大号T恤、运动服和帽子等元素。运动品牌开始与嘻哈艺术家合作，推出限量版产品。这一时期见证了运动休闲风格的崛起，这种风格将运动服装的舒适性与日常装扮的时尚性结合起来。运动裤、运动鞋和运动夹克成为日常服饰的普遍选择。随着滑板、自行车越野（BMX）和冲浪等极限运动的流行，与之相关的服装和配饰也成为时尚趋势的一部分。街头品牌如苏博瑞（Supreme）和范斯（Vans）的兴起与这一文化密切相关。

图3-49　90年代的汤米希尔费格

图3-50　香奈儿1991年秋冬系列

七、休闲运动风的兴起

运动休闲风格在21世纪初达到了全新的高度。这种风格结合了运动功能性和日常时尚的舒适性，紧身运动裤（如瑜伽裤）、运动鞋和高性能面料的衣物在日常装扮中变得非常流行（图3-51）。智能运动装备与健康和健身科技的发展相结合，智能手表、健身追踪器和与应用程序同步的运动设备变得普遍。传统运动品牌与高端时尚设计师和品牌的合作成为常态，产生了许多备受欢迎的限量版产品。社交媒体的兴起对时尚界产生了巨大影响，Instagram和其他平台上的健身博主和时尚影响者开始塑造运动与时尚的趋势。街头文化继续影响运动时尚，包括滑板、街舞和嘻哈文化相关的服饰，如宽松的T恤、帽子和运动鞋。运动明星如勒

图3-51　2014年7月《时尚芭莎》演绎的时尚运动风格

布朗·詹姆斯、塞雷娜·威廉姆斯和克里斯蒂亚诺·罗纳尔多等不仅在运动领域影响力巨大，也在时尚界具有重要地位。20世纪70年代和80年代的复古运动风格在21世纪初重新流行，包括复古运动鞋和运动夹克。

21世纪，全民健身进入新的历史拐点，个性化趋势日益明显。例如，蹦极、跑酷等，就被视为挑战自我、超越自我的现代休闲运动。

跑酷是时下都市最新潮的时尚极限运动之一。它把整个城市当作一个大的训练场，一切围墙、屋顶都可成为攀爬和穿越的对象，具有超越身心的自我挑战性和观赏愉悦性，有人认为这是一门艺术（图3-52）。

图3-52　城市跑酷

除此之外，难度攀岩、空中滑板、高山滑翔、滑水、激流皮划艇、摩托艇、冲浪、水上摩托、滑板和街区障碍赛等运动项目也被特定人群追捧（图3-53）。攀岩搭上了"极限运动"的概念，难度较高，又是相对小众的运动，能让爱好者颇有一种"挑战自我"的感觉，对身体和心理都是一种考验，被称为"勇敢者的游戏"。

图3-53　野外攀岩

八、运动品牌与时尚的联名

年轻消费者的消费能力提升及对奢侈品的追求，促使运动服装品牌与时尚品牌展开合作开辟高端化、时尚化产品线。2002年，阿迪达斯与山本耀司合作推出子品牌Y-3（图3-54），开创了运动时装的先河，后又发掘了拉夫·西蒙（Raf Simons）（图3-55）、瑞克·欧文斯（Rick Owens）（图3-56）、克雷格·格林（Craig Green）、卢克·梅尔（Luke Meier）等独立设计师，2019年开始与普拉达（PRADA）（图3-57）和香奈儿品牌合作，2022年春夏与古驰（Gucci）合作推出联名款。

耐克2017年与设计师维吉尔·阿布洛（Virgil Abloh）合作，2018年耐克与路易威登（Louis Vuitton）（图3-58）、2022年与Sacai（图3-59）品牌合作联名；AJ 2020年与迪奥合作推出限量新款；2017年苏博瑞和LV的世纪联名等，这些联名的创新设计和限量供应的营销手段引起消费者追捧，虽然价格高昂，但是供不应求，从商业价值上获得了巨大的成功。

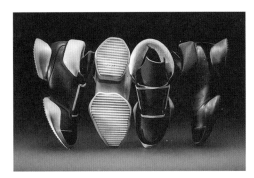

图3-54　Y-3品牌服饰　　　图3-55　adidas×Raf Simons　　　图3-56　adidas×Rick Owens

图3-58　Nike×Louis Vuitton合作推出的3D广告

图3-57　adidas×Prada Re-Nylon 联名系列　　　图3-59　The Nike Lab × Sacai Collection

九、国潮风的兴起

自19世纪末以来，"西风东渐"不仅反映在城市、建筑、工业产品中，服饰的现代设计上也以西方设计潮流为时尚。国潮风在近些年悄然兴起，"国潮"即国内本土的潮流品牌，带有中国元素和传统特色的服装正成为时尚新潮流，不少本土品牌服饰频频"出圈"，受到消费者青睐。

2018年，李宁品牌携"悟道"系列登上2018纽约时装周秋冬秀场（图3-60），融合了中国国学元素的新品一经亮相就引起了社交网络的疯狂刷屏。李宁结合功能科技与创业文化、专业运动加时尚潮流资源布局打造全方位营销，结合运动赛事资源巩固品牌形象，结合潮流热点制造话题。李宁以"中国原创"为口号，第一次把国潮带到了国际

图3-60　2018年纽约时装周秋冬秀场李宁"悟道"系列

舞台上，而国际时装周为李宁带来了爆炸式的关注度，让国潮真正走入大众的视野，因此2018年也被称为"国潮元年"。

伴随互联网成长起来的年轻人更加注重品质与个性，他们对于跨国品牌的态度也从曾经的盲目崇拜走向了现实理性。传统文化通过互联网更迅速吸引大众注意力，以新形式展现传统文化的魅力，能引起大众兴趣的传统文化，无论是书画戏曲，还是诗词歌赋，都会成为潮流趋势。越来越多90后、95后开始关注中国元素，"国潮"俨然成为年轻人眼中的时尚，也日益成为网络文化创意的热宠。当下，以"95后""00后"为代表的Z世代年轻人正逐步成长为文化消费的主力军，他们对中华文化有更高的价值认同感。

中国传统文化元素成为一种"风尚"与"潮流"的背后，既有经济与社会发展的因素，也反映出本土文化意识的觉醒与文化价值的认同。国潮发展不仅有利于我国本土品牌的发展，也有利于本土文化的输出。国潮服饰兴起根本原因在于文化自信的增强。"国潮"服饰兼具中国制造的价格、质量优势和中国文化的传承创新优势。

第四章

奥运服装的发展趋势

第一节　奥运项目的发展趋势

现代夏季奥运会已经成功举办了32届，历经了120多年的发展，已然成为世界最具深远意义的社会活动之一。奥运会经历了探索、规范、发展、扩张、稳定几个发展阶段，在当下全球经济、政治格局和世界体育的结构和秩序正发生重要变化的环境下，国际奥林匹克能否在科技变革和人类生活方式改变的风云变幻中持续发展，取决于赛事能否自主求变，紧跟时代发展的方向适时调整。

20世纪80年代，随着奥运会的影响力日渐扩大，奥运会的规模和项目都进入了一个快速扩张的时期，大项稳中有升、小项逐步增长。1984年洛杉矶奥运会有23个大项和221个小项；2000年悉尼奥运会有28个大项和300个小项。然而，越来越大的规模使奥运会主办国家及地区的负担越来越重，给奥林匹克运动的可持续发展带来严重的负面影响。2001年罗格就任国际奥委会主席后，奥运会迎来了"瘦身计划""主动求变"新时代。2004年雅典奥运会和2008年北京奥运会的项目设置打破了奥运会项目扩张的趋势——在大项和小项的总数上基本没有变动（28个大项、302个小项），但对小项的调整力度却比以前加强了，一批项目被淘汰，一批新的项目又被加入。2005年，国际奥委会在新加坡全会上决定，2012年伦敦奥运会只设26个大项，且今后每届奥运会最多不得超过28个大项。2007年，第119届国际奥委会全会又通过一项改革决议：从2020年起，奥运会的固定比赛项目为25个，以后的每届奥运会将视情况临时增加最多3个临时比赛项目。

国际奥委会主席巴赫自2013年9月就任以来，继续积极推行奥运会改革以顺应新形势，为改革提出三个主题：可持续、公信力、青少年。随着改革的不断深入，继2014年《奥林匹克2020议程》推出后，国际奥委会相继于2018年推出《奥林匹克2020议程：新规范》，于2021年3月出台改革的加强版——《奥林匹克2020+5议程》等。2016年，国际奥委会决定将滑板、冲浪、攀岩、棒垒球以及空手道5个大项增补进2020年东京奥运会。2024年巴黎奥运会将首次增加霹雳舞（Breaking）项目，旨在吸引更多年轻人关注与参与，体现和顺应运动城市化的现代潮流。

奥运会项目设置正处于"变局时代"，2024年和2028年奥运会申办"遇冷"，给国际奥委会敲响警钟。若不主动求新求变，奥运会可能由之前的香饽饽变成烫手山芋。经过百年的发展，奥运会问题凸显：

一是，高昂的举办成本。奥运会项目众多，场地的建设周期长、费用高，2004年雅典奥运会累计投入160亿美元，修建了36个赛事场馆和配套设施。奥运会结束后，这些体育场馆和配套设施沦为摆设，但是仍需持续投入大量维护资金。2004年雅典奥运会、2012年伦敦奥运会、2016年里约奥运会、2020年东京奥运会都造成举办国经济上的亏损。

二是，奥运会设置的比赛项目繁多，部分项目观赏性较差，一些小项不受关注，2024年巴黎奥运会取消了一些项目，如举重大项中的男子67公斤、96公斤，女子76公斤、87公斤级比赛，帆船大项中的RSX级比赛，田径大项中的男子50公里竞走等小项。2028年洛杉矶奥运会将继续调整。

三是，部分奥运会比赛项目存在训练久、负荷重、生涯短的问题，对运动员身体造成伤害，且职业生涯结束后，运动员面临生存问题。

四是，观众年龄偏大，*Sports Business Journal*长期调研发现，在25个主流运动项目里，平均观众年龄在45岁以下的仅有5个，50岁以上的却多达16个，占比达64%。

五是，奥运会是全球最具影响力、规模最大的综合体育赛事，但一些单项比赛的影响力并不是最大的。如足球，同样四年一届的世界杯足球比赛的影响力和转播率超过奥运会。

一、奥运会与电子竞技

国际奥委会前主席罗格曾表示：电子产品，而不是体育运动，正在占据青少年越来越多的时光，如果奥运会的项目设置不与时俱进，不符合年轻人的口味，奥林匹克运动将没有未来。

2017年举行的第六届奥林匹克峰会（Olympic Summit）得出的结论是，竞争性电子竞技（Electronic Sports）可以被视为一项体育活动（Sporting Activity），参与其中的运动员的准备和训练强度与传统体育项目的运动员相当。然而，对于电子竞技是否可以被视为一项体育运动，目前还没有明确的立场。

2018年7月20~21日，由国际奥委会和国际单项体育联合会总会组织的"电子竞技论坛"（The Esports Forum）在奥林匹克博物馆举行。会上成立了电竞联络小组(Esports Liason Group，ELG)，致力于促进电子竞技有关的利益方与国际奥委会和国际单项体育联合会之间的合作与创新。2018年12月8日，国际奥委会主办的第七届奥林匹克峰会认为，奥林匹克运动在世界各地的年轻一代中受到广泛欢迎，奥林匹克运动不应忽视它的发展势头。奥林匹克运动应该继续与电子竞技领域的人士接触，同时承认仍存在不确定性，出于这种不确定性，关于将电子竞技作为比赛项目纳入奥运会计划的讨论还为时过早。峰会鼓励国际单项体育联合会加强与电子竞技产业的合作，国际奥委会和国际单项体育联合会总会邀请电子竞技产业利益相关者共同探讨合作项目，确保其能对管辖的运动项目的电子/虚拟版本进行适当控制，限制其参与开发所管辖的运动项目的电子/虚拟版本。

2020年1月，国际奥委会第135次全会在洛桑召开，国际奥委会主席巴赫表示："电子竞技是否有一天会被考虑列入奥运项目——答案是肯定的，这取决于这一天什么时候到来。"国际单项体育联合会也在尝试将电子竞技整合加入现有赛事体系，2020年12月，国际自行车联盟举行首届国际自行车总会（UCI）自行车电竞世界锦标赛。

二、奥运会与虚拟运动

国际奥委会2021年3月通过的《奥林匹克2020+5议程》，在原有的《奥林匹克2020议程》基础上，新增的15条改革建议旨在未来五年更好地应对后疫情时代的挑战。全会建议鼓励虚拟运动的发展，并进一步与电子游戏社区互动，通过日益普及的虚拟体育，在年轻人当中推广奥林匹克运动和奥林匹克价值观，提高体育参与度，与年轻一代建立直接关系。全会还指出"虚拟体育"将是国际奥委会拥抱电竞的重点。国际奥委会主席巴赫认为，奥林匹克虚拟系列赛可以带来全新的数字体验，增进与虚拟体育领域爱好者和观众的关系，鼓励更多年轻人参与体育运动，弘扬奥林匹克价值观。

2021年4月22日，国际奥委会宣布将联合棒球、自行车、赛艇、帆船和赛车五个国际单项体育联合会和游戏发行商，在东京奥运会之前举办一场线上奥林匹克虚拟系列赛（Olympic Virtual Series）。首届奥林匹克虚拟系列赛于2021年5月13日至6月23日举行，五个比赛项目都由各自的游戏发行商运营。据报道，首届奥林匹克虚拟系列赛吸引了近25万参与者，拥有超过200万次访问。国际奥委会决定未来每年举办该赛事，其余国际体育组织，如国际足联、国际篮联、国际网球联合会、世界跆拳道协会等也有意在未来设置自己项目的奥林匹克虚拟系列赛。

2021年9月9日，夏季奥运会项目国际单项体育联合会协会发布《国际单项体育联合会电子游戏与电子竞技战略》（IF Gaming and Esports Strategy）。该项报告旨在提供对电子游戏和电子竞技市场格局的清晰理解，以支持国际单项体育联合会设计能解决战略问题的结构化方法，帮助国际单项体育联合会定义前进的道路。

2023年6月22日，首届奥林匹克电子竞赛周（Olympic Esports Week）在新加坡举办，比赛共设11个比赛项目，分别是国际象棋、射击、射箭、帆船沿岸、帆船近海、棒球、网球、自行车、赛车运动、跆拳道及舞蹈。2024年1月29日，国际奥委会主席巴赫在江原道青奥会上表示：正在考虑于2025年或最迟2026年举办首届奥林匹克电子竞技运动会。从首届奥林匹克电子竞赛周所设项目来看，国际奥委会对于电子竞技的定义与传统意义上的电子竞技游戏有差别，国际奥委会目前想把电子竞技作为独立运动会设立。2023年10月，巴赫在印度孟买举行的国际奥委会第141次全会上表示："如今，体育运动必须争取年轻人的时间和注意力，因此我们必须与身处数字世界的年轻人接触。"未来能否在奥运会赛场上看到电子竞技和"虚拟体育"，答案应该是肯定的，并且不会很遥远。对于电子竞技和"虚拟体育"的表现形式，巴赫提出"这将是多种利益相关者博弈的复杂系统，同时也是奥林匹克传统观念和现代社会观念融合的过程，更是一个元宇宙时代可能带来巨大变数的艰难抉择，其间的矛盾、冲突乃至逆转、对抗等情势都可能发生。"

三、奥运会与"智力运动"

"智力运动"入奥的提议始于20世纪20年代，1995年国际奥委会承认国际象棋、桥牌的运动项目地位，是智力运动发展史上的一个里程碑。"智力运动"（mind sport）并非是一个全新的概念，它存在于人类悠久的历史文化中，并以竞技文化的形式存在于日常生活。相比三大球等奥运项目，智力运动比较"冷门"，但随着国际智力联盟和国家体育总局对智力运动的认可和推广，越来越多的智力运动项目被纳入世界比赛中。2002年1月，国际奥委会奥运项目委员会在审核桥牌与国际象棋申请成为奥运会项目的请求时，认为国际奥委会应澄清智力运动与奥运会项目之间的区别，并明确表示桥牌与国际象棋不应获准进入奥运会。《奥林匹克宪章》虽多处使用"sport"一词，却并未对其进行明确定义，由此，奥林匹克项目委员会提出"智力运动"的广义定义，供其与国际奥委会执委会在当前及未来诸情况下参照。世界范围内对sport的构成要素及sport与game之间的差异虽无确切定义，但sport被广泛认为是强体力活动，从这个角度讲，"智力运动"不应被获准成为奥运会项目，关于此建议的解释应纳入《奥林匹克宪章》第52条的文本。世界智力运动会是由国际智力运动联盟（IMSA）发起，旨在扩大包括桥牌、围棋、国际象棋、国际跳棋、象棋、国际扑克等棋牌类智力运动项目，在世界范围内普及和影响的国际性体育赛事。第一届世界智力运动会于2008年在中国北京举行，第二届于2012年在法国里尔举行，至今共举办2届。

四、奥运会与艺术

顾拜旦是既热爱体育也热爱艺术的践行者，曾为奥运会创作过油画作品（图4-1）。顾拜旦认为，艺术比赛是奥运会项目中不可或缺的一项，在他看来，古希腊的竞技运动具有特殊的社会价值，它与艺术、品德高尚的公民被共同称为希腊文明的三大支柱。1912年第五届斯德哥尔摩奥运会上，奥组委通过了5项奥运艺术比赛项目，分别是：建筑、文学、音乐、绘画和雕塑，也称为"缪斯五项艺术比赛"。

至1948年的第十四届伦敦奥运会，共有151枚艺术类奖牌产生（图4-2、图4-3）。1949年，越来越多的专业人士参与比赛与奥运会，与当时秉承的"业余原则"相悖，且艺

图4-1　1896年顾拜旦《体育寓言》（洛桑奥林匹克博物馆藏）

图4-2　1912年斯德哥尔摩首届奥林匹克艺术比赛雕塑金奖［沃尔特·维南斯(Walter Winans)的《美国快步马》(An American Trotter)］

术作品的评判标准过于主观。因此，国际奥委会取消了艺术奥运会。艺术虽不在奥运会赛事之列，却以另一种形式延续在奥运会中。围绕着奥运主题，诸多世界级艺术大师都以"非竞技"的方式参与了奥运会艺术创作，如画作、艺术海报等。如今，已经连续召开六届的"奥林匹克美术大会"展现了全球多个国家和地区关于体育主题的艺术作品。未来不断发展的艺术手段和形式将与"奥林匹克"产生怎样的新的碰撞，非常值得期待。

一些长期筹备却未能列入奥运会的体育项目，如中国武术（已进入夏季青年奥林匹克运动会）、体育舞蹈、台球等竞技项目，未来是否能列入奥运会？奥运会设项遵循公平竞争、团结、非歧视和政治中立等原则。其考量集中在体育、人文和经济因素上。体育方面主要考量项目的历史和传统、全球的普及化、比赛的公正和透明度以及其发展状况；人文方面主要考量性别平等、生态环境影响及对人体健康的影响；经济方面则侧重于项目的直接经济收益、媒体关注度、电视转播意愿、项目吸引力和项目运行费用等。奥运会项目设置变动的主要原因之一是社会的发展变化。随着体育运动的不断发展，许多新兴项目或产生广泛社会影响力的项目不断被吸纳进入奥运会，奥运会项目的吐故纳新和新项目推广都对奥运会的发展起到巨大推动作用。

进入21世纪，国际奥委会围绕项目设置进行改革，制定了项目标准，相对灵活地设置奥运会比赛项目，且东道主可以提议增项，并通过鼓励虚拟运动发展等相关议题等对奥运会项目进行及时调整。这种改革（方案）突破了原有《奥林匹克宪

图4-3　1920年奥林匹克艺术比赛绘画金奖［让·雅克·斯伯纳的《橄榄球比赛》］

章》对奥运会项目35个（夏奥会28个、冬奥会7个）大项的限定，使更多达到国际奥委会筛选标准的项目能够进入奥林匹克舞台，体现了奥林匹克整体项目的灵活性以及体育项目的丰富延展，有利于推动奥运会在多元文化世界的可持续发展。如，2020年东京奥运会增设滑板、冲浪、竞技攀岩、空手道和棒垒球等项目；2024年巴黎奥运会削减举重、帆板等项目，增设霹雳舞、滑板、攀岩和冲浪等项目，国际奥委会充分考虑城市化不断推进的现状，吸引更多的年轻人参与，让时下潮流的城市运动进入奥运会。

第二节　奥运服装的发展趋势

奥运会发展推动着竞技服装的不断发展，随着运动健身时尚在全球的关注度和消费热情水涨船高，人们对于运动服装的功能性、舒适性、安全性、美观性、便捷性的追求永无止境。新科技不断地突破传统运动装备的局限，使其具有无限的可能性。功能性面料、智能纺织面料的不断突破，织物结构上的不断优化，工艺上的精进，以及智能可穿戴设备的开发，都会引领未来服装的新方向；随着每项运动的深入发展，大众品牌的常态化商品无法满足更深层次的需求，因此更为细分的专业服装领域是未来的发展趋势；Z世代全新的消费理念使服装不仅只满足性能要求，更需要从审美层面完成价值认同；虚拟运动的发展也使虚拟服在运动赛场上的出现成为可能；未来服装的环保可持续性，也是需要重点关注的话题。

一、科技发展的持续赋能

科技和创新是第一生产力，科技化是竞技运动训练的主要发展趋势，随着科技的不断发展，运动训练也向新思想、新科技、新器材等方面不断发展。1976年蒙特利尔奥运会，电子起跑器开始使用，其中的压力板可以精确测量到运动员蹬踏踏板的起跑时间，电子起跑器与发令枪相连，保证所有运动员能同时听到枪声，避免不同站位对运动员产生影响。第二十七届悉尼奥运会前，美国耐克公司花了3年时间，耗费巨资为短跑名将迈克尔·约翰逊和世界第一女飞人玛丽安·琼斯各研制了一双超级跑鞋，分别是仅116克的"金缕鞋"（图4-4、图4-5）和仅99克

图4-4　金缕鞋

的"水晶鞋"（图4-6）（分别由24K纯金和昂贵的透明塑料制成）。"金缕鞋"是由耐克科研团队对迈克尔·约翰逊的足部及跑步时的身体状态进行多种多次测量，获取其各项运动生理指标，并以此为依据建造鞋底模型，使约翰逊在运动时获得极大限度的减震效果；鞋底上每个鞋钉都有精确的位置，协助约翰逊更好地控制身体。

2000年第二十七届悉尼奥运会上，碧波荡漾的游泳池里捷报频传，一款黑科技"鲨鱼皮"泳衣的使用，使运动员多次打破世界纪录。运动装备变成人类身体的外延，让服装无限满足人体运动时的需求。

图4-5　迈克尔·约翰逊在奥运会比赛中穿着金缕鞋

图4-6　由特殊透明塑料制成的"水晶鞋"

（一）功能性面料

国内外研发的运动功能性面料可以分为四大类：舒适性功能面料、耐疲劳性功能面料、卫生保健性功能面料以及防护性功能面料。舒适性功能运动面料是指面料具有优良的吸湿排汗、保暖、防水透气、弹性等特性；耐疲劳性功能面料主要包括耐晒、耐热、耐磨、耐氯功能，以及良好的撕裂强度、拉伸断裂强度、顶破强度等；卫生保健类运动面料是具有抗菌、除异味、杀螨等一系列功能的面料；防护类功能面料是具有保护人体免受外界伤害的功能性面料，包括抗静电、防辐射、抗紫外线等功能。

舒适性功能面料：具有吸湿排汗功能的面料就是一种舒适性功能面料，吸湿排汗纤维包括高吸放湿聚氨酯纤维、细特丙纶及聚酯多孔中空截面纤维等，利用纤维表面微细沟槽产生的毛细现象使汗液迅速迁移至织物的表面并发散，从而保持人体皮肤的干爽。例如杜邦公司的Coolmax系列纤维、美国哥伦比亚公司研制的Omni-Dry材料，日本东丽公司研制的FiedsensorXX聚酯针织物及中国石化仪征股份有限公司研制开发的Coolbest系列纤维等。纤维的吸湿排汗整理和织物结构设计是提升面料在服用性的有效方法。近年来，有关新型吸湿排汗纤维制备、相关整理工艺及其助剂开发、织物分层结构设计与组织结构优化赋予纤维吸湿凉爽和速干性能等研究，成为开发高服用性能运动服装的主流。

耐疲劳性功能面料：温度控制织物采用的相变材料及防晒材料为耐疲劳性功能面料。相变调温技术材料可以根据温度的变化从固态转化为液态，在不同状态间转变的同时，材料可储存、释放或吸收热量。当人体运动程度加剧或环境温度升高时，该材料可以防止"热量尖峰"形成，维持人体基础代谢稳定，从而节省大量的能耗，明显提高人体运动成绩，因此尤其适用于人体短时间高强度运动时着装。目前该领域的知名企业有美国的Outlast公司和Frisby公司、瑞士的Schoeller公司。新型面料实现了有效热能管理和高水平的紫外线阻隔。目前，一些新型相变材料在纺织品的应用上可能存在一定的局限性，如难以复合或复合后的结合牢度不理想，以及某些应用场合耐磨损性欠佳等，将这些新型高性能相变材料与纺织品复合，研发其应用性能还有待尝试。自体加热系统的触媒加热，通过在衣服内设置碳纳米管膜形成发热片，借助数据线连接外置电源进行温度调节。

卫生保健类运动面料：以抗菌除臭类面料为例。抗菌除臭类面料主要通过制备抗菌除臭类纤维或进行纤维的抗菌除臭后整理实现。例如在纤维或织物表面镀银，这类面料耐洗性不够好，每洗涤一次抗菌性能就有所下降，耐洗性能有待提高。各类纤维进行抗菌除臭处理时，可运用纳米技术将抗菌剂添加到纺丝液中，制成抗菌纤维。此外，运用天然抗菌除臭纤维也成为现今流行趋势，如竹炭纤维、活性炭纤维、甲壳素纤维、木纤维等，它们不仅具有杀菌除臭作用，而且有一定的理疗保健功能。

防护类功能面料：以防紫外线和防静电面料为例。户外运动时紫外线容易对皮肤产生伤害，防紫外线是运动服的功能之一。目前常用的织物抗紫外线整理方法包括两种：一是在纺丝液中加入紫外线遮蔽剂，如纳米级的无机二氧化钛、氧化锌等，制备抗紫外线纤维；二是后整理法，在纤维或织物的加工过程中，将紫外线吸收剂（如有机水杨酸系、氰基丙烯酸酯系等）和荧光剂利用树脂交联的方法附于表面。运动服装面料大都由化学纤维制得，易产生静电，易沾灰尘污垢，易起毛起球，贴近皮肤时有电击感等。抗静电面料的制备方法包括：在织物中织入金属丝，将产生的静电传导到外界去，这种方法制得的防静电面料不够柔软，手感差；另一种是涂层法，在织物表面涂一层化学薄膜，利用聚丙烯酸酯等具有吸湿作用的抗静电剂，在织物表面形成连续的导电水膜来传导静电。

功能性面料在奥运赛场上的运用不胜枚举。2016年里约奥运会上，为了保护赛艇运动员在比赛过程中不被污染河水中的病毒感染，美国国家赛艇队为队员配备了特制的队服。该队服由两层组成，一层是疏水织物，另一层含有能够抵抗细菌和病毒的化学物质。这种队服采用无缝编织技术，质地轻盈、结构密实，能够有效防止病毒级别的病菌侵害。科技矿物染织面料可以实现对人体能量的回收，可以通过回收人体运动时释放的能量，再将能量反馈至身体。稀土发光材料可以用于反光服装，反光服装作为一种新型的安全服装，可以在夜跑等活动中提高辨识度，让人们的运动更加安全，因此受到越来越多的关注。

运动服装面料的导热排汗功能可通过改善织物结构实现，不同的编织方法可获得不同的导热排汗效果。常使用的编织技术包括集圈编织、多层添纱、空气层或半空气层编织、双面衬纬及双面集圈编织等。弹性服装在提高运动员的速度、耐力和力量等方面发挥着重要作用，氨纶是弹性服装中不可缺少的材料，其抗拉扯特性、制成服装后的光滑程度、与身体的紧贴度及突出的伸展性都是理想的运动服装要素。一些运动服装公司提出"能量维持"的概念。华歌尔运动科学公司生产的CW-X紧身裤采用氨纶材料，经特殊设计制造束缚层环绕腿部，能在运动中为肌肉提供额外的定向支撑，这种束缚层可保持肌肉的协调，防止腿部出现震颤。对于水上运动服装而言，防水且不阻碍人体体表湿气散发是确保服装舒适性的前提。防水透气面料由高支高密纱线制成，可阻止水分子从外界进入，同时允许体内水汽散发到外界。Gore-Tex系列面料由微孔聚四氟乙烯纤维薄膜层压材料组成，这种薄膜上的微孔可使汗液蒸气透过，阻止外部水液渗入（图4-7）。这种面料制成的服装能使穿着人员在湿润环境中保持干燥，尤其适合潜水、划船等运动。

图4-7 三层Gore-Tex PRO面料

（二）智能纺织

"智能纺织品"始于20世纪60年代形状记忆材料概念和70年代智能聚合物凝胶概念的提出；"智能材料"一词则是1989年由日本高城俊吉（Toshiyoshi Takagi）教授提出，是将信息科学的内容与材料的结构功能相结合的一种材料新构思。智能纺织品开发热潮始于20世纪90年代中期，史蒂夫·曼恩带领麻省理工学院的研究人员开发一种可穿戴计算机，它由传统的计算机硬件连接到纺织品上并携带在人体上。在过去的20年里，纳米技术的进步对大面积柔性和可拉伸电子信息智能纺织品产生了巨大的影响。目前，智能纺织品通常是指贯穿纺织、电子、信息、生物、医学、新能源等多学科综合技术，能够感知人体与环境信号变化，并通过反馈机制主动做出响应，同时保留传统纺织品固有风格和技术特征的一类新型纺织品。智能纺织品的分类方法众多，并不统一，一般按照对外界刺激反应的方式，智能纺织品大致可分为被动智能纺织品（Passive Smart

Textiles，又称为消极智能纺织品）、主动智能纺织品（Active Smart Textiles，又称为积极智能纺织品）和高级智能纺织品（Very Smart Textiles，又称为超级智能纺织品或自适应智能纺织品）。

被动智能纺织品为第一代智能纺织品，具有快速感知外界环境的变化或刺激的能力，但不能根据环境条件调整自身特性。如防紫外线服装、抗菌织物纺织品、陶瓷涂层织物纺织品、导光织物等。事实上，被动智能纺织品仍不属于严格意义上的智能纺织品范畴，更应归为功能性纺织品。

主动智能纺织品为第二代智能纺织品，结合传感器和执行器来传递内部特性。主动智能纺织品不仅可以感知外界环境的变化或刺激，还可以对外界变化做出相应的反应，如形状记忆纺织品、相变储热服装、光致／热致变色纺织品等。

超级智能纺织品具有主动和被动智能纺织品的特点，并额外具有适应刺激的功能，为第三代智能纺织品，涉及通信、传感、人工智能、生物等高科技学科。它能感知外界环境的变化或刺激，并做出相应的反应，并通过自我调节来适应外界环境。目前，超级智能纺织品仍处于起步阶段，有待进一步研究。

（三）轻量化

在竞技运动中，服装的重量也是制胜的关键。Flyprint3D打印织物鞋面科技制成的轻量化概念跑鞋，对运动员的数据进行捕捉和收集。通过使用运算化设计工具对这些数据进行计算，3D打印织物的织线相互交融，拥有更高的精密程度和性能潜力，且拥有更好的透气性。1991年东京田径世锦赛上，美国运动员卡尔·刘易斯以9秒86的成绩打破百米赛跑世界纪录。他的跑鞋重量只有115克，鞋底镶着轻盈而坚固的陶瓷鞋钉。同时水野公司还针对刘易斯跑步的特点，调整了鞋钉的方向和位置，这直接引发了20世纪90年代运动员追求高科技鞋的风潮。"穿起来像丝袜一样……"这是刘翔描述自己穿"红色魔鞋"的感受，这双鞋是2004年刘翔夺得雅典奥运会110米栏冠军的秘密武器，鞋的重量只有8克，将各个顶尖科技融入其中，全方位地为赛场上的刘翔提供帮助（图4-8）。

图4-8　Nike为刘翔制作的"红色魔鞋"

2020年东京奥运会，安踏品牌赞助中国举重、摔跤、拳击、跆拳道、空手道、体操、蹦床、艺术体操、游泳、花样游泳共十支国家队，获得奥运奖牌36枚；李宁品牌赞助中国射击、跳水、乒乓球三支国家队，获得奖牌30枚；耐克品牌赞助中国田径、篮球、网球、足球四支国家队，获得奖牌数5枚。安踏研发的超耐磨纤维材料制作的举重鞋，前脚掌采用了爪式抱紧系统，让鞋扣紧紧包裹脚面，保证运动员发力时鞋子不易产生形变，稳定性更好。要够硬够抗压，足跟要避震，抓地更不能差。安踏的举重鞋，耐磨和防滑性是普通材料的2.5倍，鞋眼拉力值超过国家标准40%，可承受超一吨总重量。利用3D全息扫描技术获取脚型数据，使每双举重鞋都可以量身定做，为运动员提供最稳定可靠的支撑。安踏为摔跤运动员设计的运动服采用了一种特殊光滑面料，并把硅油分子嵌入面料纤维，有效防止对手的抓握。

（四）智能可穿戴设备

1983年，芬兰奥卢大学电子系发明了第一台无线心率遥测仪——Polar PE-2000，科研人员第一次使用可穿戴设备来监控运动训练过程，该设备为运动强度的评定提供了一种新方法，同时也开启了训练监控方法的变革。随着科技不断发展，运动训练对可穿戴设备的需求越来越强烈。20世纪90年代，一种便携式可穿戴气体交换分析仪COSMED-K4b2问世，使以往只能在实验室环境下进行的能量代谢实验搬到训练场，提高了人们对不同专项活动生理特征的了解。2004年，随着数据传输技术的发展，澳大利亚Catapult公司推出了第一款GPS-5Hz可穿戴运动训练监控设备，该设备以黑色背心为主要载体，首次集成加速度计、陀螺仪、GPS等多个传感器，穿戴方便安全，测得指标丰富，使运动训练与可穿戴设备深度融合，运动训练监控进入数字化"黑背心"时代。2019年，采用超光频数据连接技术摆脱GPS使用环境限制的Clear-Sky运动表现智能评估系统开始广泛应用，运动训练中的可穿戴设备进入前所未有的高速发展时代。

在科技赋能体育强国的推动下，科技在竞技体育领域的训练中应用越来越广泛，智能可穿戴设备可以在训练中对运动员生理生化及生物力学的相关数据进行实时监控，并且进一步对数据总结、分析，进一步调整训练计划、提升运动成绩，同时预防运动伤病。

将可穿戴设备广泛应用于运动训练领域是目前世界范围内的主流趋势，一方面可以更好地对训练进行量化评价，另一方面为探究人体活动的生物学意义提供了一种更加便捷、科学的途径。有研究表明，智能可穿戴设备在健身领域的接受度和期待度非常高，专业的、科学的设计产品能获得不同群体用户的期待。

1996年，耐克运动研究实验室的科学家和空气动力学家从理论上证明了采用AeroSwift技术，将特殊的纹理运用到运动员的服装上，可以减少运动过程中的空气阻力。从2000年悉尼奥运会首次亮相，到2012年伦敦奥运会再次革新，AeroSwift技术在短跑运动服上进一步引入尼龙植绒技术。2016年推出的AeroSwift Tape将AeroSwift技术推向了一个全新的高度。AeroSwift Tape表面的黑色小凸点被称为AeroBlades（图4-9）。

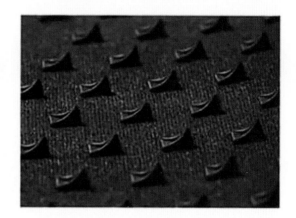

图4-9 Nike公司推出的AeroSwift技术

AeroBlades经过特殊的空气动力学设计，能够在织物表面形成空气涡流，大量的空气涡流聚集在一起，能够扰乱运动员身体周围的空气层，从而减少运动员运动过程中的空气阻力。风道实验测试结果显示，AeroSwift Tape和AeroBlades Apparel能够降低2%～3%的空气阻力。AeroSwift Tape表面涂有乙醇溶液，能够快速地移除皮肤表面的汗水、污渍和油。运动员可以根据运动类型和运动强度选择不同形状的AeroSwift Tape贴在身体不同的部位来达到减少摩擦的作用。

2005年的adidas1首次将芯片放在鞋子中底内，通过卫星计算机的感应调节鞋子的软硬程度，从而为穿着者提供最适合的中底反馈。耐克的Nike Adapt可以通过鞋子的内置电动机完成鞋带的松紧，从而解放双手，达到无鞋带的状态。研发创新为产品建立功能性技术壁垒公司研发团队由专业研发人员、教练及运动员、医生及行业专家三者结合而成。在科技研发方面，公司汇集了生物力学、化学、运动生理学、工程学、工业设计、可持续及相关领域的行业专家，不断开发新技术。在产品设计方面，公司建立了由运动员、教练、培训师、设备经理、骨科医生和足科医生和其他专家组成的研究委员会和咨询委员会，提供咨询并对设计、材料、产品概念、制造流程、产品安全性等方面提出改进意见。在样品研制后，公司会邀请专业运动员对产品进行磨损测试并获得使用评价。

（五）人体工学的结构设计

"翔之队"利用电脑技术分析，辅助刘翔进行科学训练，精进动作。助力梦之队夺金的"3D+AI"训练系统会给运动员的一连串入水动作建模，标注出运动员做每一个动作时的各项数据，比如起跳高度、入水夹角等。有了高科技手段的助力，教练员就可以针对运动员的相关量化指标进行针对性的指导；运动员可以使用这套系统及时总结经验、改进不足。中国获得场地自行车女子团体争先赛冠军，这里面有清华大学机械系摩擦学国家重点实验室科技成果的帮助。东京奥运会女子帆板RS：X级比赛中，中国选手卢云秀夺得冠军

（图4-10），这背后便是复旦大学信息科学与工程学院科学团队的鼎力支持，他们提前一年对日本神奈川藤泽市江之岛的比赛现场开展实地勘察，分析海面上的风速和风向变化、赛场不同位置的海水的流速和流向分布差异，掌握赛场潮汐流的变化规律，进行有针对性的数据采集。中国乒乓球队收获4金3银，这支王牌队伍后面也有科技助力——浙大计算机系和浙大的体育学系共同开发了乒乓球智能大数据平台。待比赛一结束，智能平台就能把数据采集完成，并将这场比赛的技战术分析即时推送到教练员和运动员的电脑中，开启"智能训练"模式。

图4-10 2020年东京奥运会卢云秀参加帆船女子帆板比赛

为备战2008年北京奥运会，NASA动用风洞，为美国游泳队"减阻"。通过吹风试验寻找阻力最小的材料，做成"鲨鱼皮"包裹全身，以赢得优势。科学家利用风洞试验和流体仿真技术，通过空气动力学帮助英国自行车运动员确定最佳的姿态和编队，以及定制装备，使英国拿下奥运会自行车项目众多金牌。我国航天九院十三所利用"惯性技术"帮助游泳运动员加强训练的科学性，提高成绩。航天科技集团十一院即中国航天空气动力技术研究院利用风洞为赛艇运动助力，使中国赛艇队在奥运会中取得优异成绩，打破世界纪录。苏炳添提到，中国田径队在日常训练中以"冠军模型"为指导，通过高科技仪器和设备对运动员体能、技术、恢复等各个环节进行全方位监控，据此发现问题，进而查漏补缺，制订个性化的训练方案，全面提升运动员的能力。2016年里约奥运会，捷克斯柯达运用汽车空气动力学的技术，协助本国自行车选手夺金（图4-11）。

"3D运动员跟踪技术"在2020年东京奥运会的田径赛场上首次亮相，通过多个摄像头捕捉运动员训练或比赛

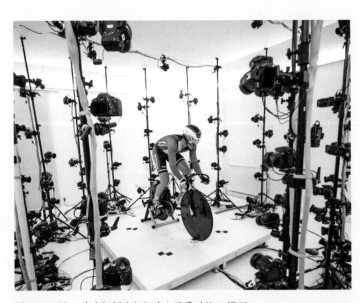

图4-11 用150台高解析度相机建立骑乘时的3D模型

时的身体数据，借助人工智能深度学习算法对运动员视频进行分析，创建出人体3D网格叠加动态图层，配合阿里云把运动员的生物力学数据实时呈现给屏幕前的观众。基于人工智能和机器视觉，能将田径短跑项目中每个运动员的实时奔跑速度呈现到观众眼前。

国际体操联合会引进日本富士通公司开发的AI辅助打分系统。该系统通过向选手的身体及周边200万处投射红外线来追踪选手的动作，并且实时转换成三维立体图像。AI根据图像对身体的旋转和扭动等动作作出分析，并结合过去的比赛数据，遵照打分标准判断技术的完成度。

剪切增稠流体织物在静止或轻微运动时呈现类似液体的放松状态，而在快速运动时则会变得坚固。结合运动感知（Motion Sense）技术，用闭孔黏弹性聚合物泡沫制成抗压装备，可针对运动中的人体关键部位进行完全防护，保护运动安全。

这些技术都辅助了竞技服装的结构优化。此外，仿生运动功能，高温压膜、激光冲孔、无痕压胶等科技与工艺技术的不断革新，也有助于运动服装的舒适性和细节的完备。

二、更为细分的专业服装领域

运动服装伴随现代体育快速发展，Nike、adidas、Puma、Reebok等早已成为家喻户晓的知名运动品牌，它们都有着较为悠久的历史，与奥运会有密切合作。

Nike品牌的市场份额与品牌价值均位列全球运动品牌的首位，是运动鞋服行业的引领者。该公司创立于20世纪60年代，生产各式各样的运动器材，最早的一批产品是运动跑鞋。目前，耐克产品涵盖田径、棒球、冰球、网球、足球、长曲棍球、篮球、板球等多个运动项目。旗下拥有六大核心品类：跑步系列、篮球系列、乔丹系列、足球系列、训练系列及运动生活系列。Nike品牌对篮球、足球、网球、高尔夫、田径等多项体育赛事进行赞助。通过持续的产品研发与对体育明星及赛事的大力赞助，保持品牌的市场占有率。

与Nike分庭抗礼的阿迪达斯品牌旗下拥有三大系列：运动表现系列performance（三条纹标志）、运动传统系列originals（三叶草标志）和运动时尚系列neo（圆球形标志）（分三个子品牌：Y-3，SLVR，NEO LABEL）。起初，阿迪达斯旨在为专业运动员提供良好的运动设备，穿着阿迪达斯装备的运动员莉娜·拉德科和杰西·欧文斯分别在1928年阿姆斯特丹奥运会和1936年柏林奥运会上斩获金牌，这是阿迪达斯公司发展过程中的重要里程碑。

1949年，创始人阿迪·达斯勒结束了手工作坊式的运营，将阿迪达斯从个人手工品牌升级为现代化厂商。如今，阿迪达斯已经是一家全球性的上市公司，也是世界上最大的体育品牌之一。阿迪达斯公司的产品组合非常广泛，包含跑步系列、篮球系列、足球系列、训练系列和街头运动系列。

Nike、adidas及同类型品牌在全球具有巨大的品牌影响力，几乎无人不知。他们具有历史悠久、规模庞大、产品品类丰富的共同特点。在运动服赛道具有绝对的优势。然而这种情况近些年发生了改变，不少全新的运动品牌异军突起。

专注运动服装中细分赛道的品牌获得了巨大的市场份额，如1998年成立的加拿大瑜伽服品牌lululemon（图4-12），依托优秀的产品性能、精准的人群定位和新颖的推广方式获得巨大的成功，品牌价值一度超越adidas排名世界第二。2003年成立的中国高尔夫服装品牌比音勒芬，连续12年实现营收净利润双增长。在阿迪达斯卖掉泰勒梅、亚当斯等高尔夫品牌，耐克高尔夫2016年退出市场的同时，比音勒芬专注于"高品质、高品位、高科技含量"高尔夫服饰的研发制造，坚持长期主义，稳扎稳打，从小众市场的龙头，发展到大众市场的垄断。

图4-12　2022年北京冬奥会加拿大代表队服装由lululemon品牌提供

1991年在中国成立的安踏运动品牌，为消费者提供具有功能性、专业性及科技性的体育用品，涵盖包括大众体育项目（例如跑步、综训和篮球等）到专业及小众体育项目的多个领域。如今安踏通过"单聚焦、多品牌、全球化"的战略布局成就多品牌矩阵、全品类覆盖的品牌蓝海。

近些年来，差异化运动服装品牌不断涌现，这些品牌的创立基于对竞技服装追求卓越的需求，在不同的运动项目中，服装的细节要求如面料的拉伸方向、透气性、板型、缝线等都会影响运动感受和成绩，所以这一细分领域极具价值。

776BC是一家为赛艇运动员研制专业运动服装的公司，该公司根据赛艇、皮划艇等桨板运动专门设计服装，也为该项目运动员在日常健身训练和交叉训练活动时设计服装。其"Motion"系列服装不仅能够做到真正在划桨过程中贴合赛艇运动员，不对其技术动作产生限制，还在服装表面绘制了生物力学及解剖学点线标记，能够为运动员和教练员提供视觉参考，方便识别并分析肌肉与关节的运动，从而帮助运动员更高效精准地理解和改进技术动作（图4-13）。

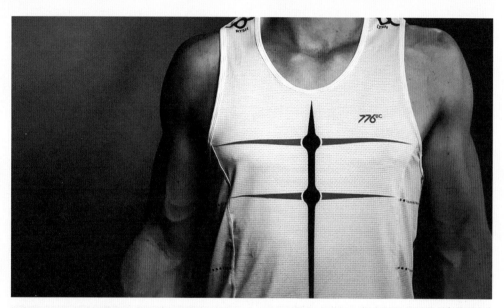

图4-13　776BC品牌的产品

　　专注于铁人三项的"压缩运动服"品牌2XU，针对铁人三项训练强度大，运动员恢复时间长等特点，推出了可加压的紧身运动套装，帮助运动员避免运动中不必要的肌肉震荡和肌肉拉伤，同时也可以促进血液循环，帮助运动员快速恢复。

三、更具美感的体验

　　adidas品牌早在1983年发布adicolor系列，每双鞋都附有一套6种不同颜色的彩色水笔，让消费者可以在纯白色鞋面上无拘无束地创作，得到一双专属的个性球鞋。这在当时造成极大震动和反响，也成为个人化概念始祖。这体现了品牌关注用创意手段满足消费者审美和个性化的需求。服装的审美需求是基于人们对"美"的追求，这是亘古不变的真理，也会随着时代的变迁而不断迸发出新的挑战。

（一）与时尚品牌联名

　　传统、大众的运动品牌在多元化、年轻化、时尚化的市场需求中，保持品牌核心文化稳固的基础上，实现品牌风格去固化、受众人群破圈化，进而收获更广阔的市场，通过品牌间的"联名"手段获得了成功。

　　1998年，Puma与吉尔·桑达（Jil Sander）的联名率先开启了体育与奢侈品牌合作的先河，2015年与美国流行音乐天后蕾哈娜展开长期合作，推出多款带有松糕底、丝绸绑带、毛绒拖鞋等时尚元素的运动鞋，为Puma品牌注入了流行时尚基因，使品牌突出重围，获得大众的追捧。这一成功让Puma重振信心继续开启品名联名之路：2023年携手高定服装品牌巴尔曼（Balmain）发布限量款运动鞋PUMA Balmain COURT，结合了意大利制造工艺和Balmain品牌的奢华感（图4-14）；与韩国时尚品牌Juun.J联名推出Plexus鞋，诠释暗黑系美学理念（图4-15）；与超跑汽车品牌法拉利（Ferrari）合作推出联名鞋款Ultimate NITRO，优质材料和尖端纹理的组合，诠释了法拉利Ferrari的卓越标准（图4-16）；与先锋设计师品牌Ottolinger联名推出包袋和鞋履，使用不对称的解构设计和光泽感材质，体现赛博朋克风格的未来感（图4-17）；与日本传统蓝染品牌BLUE BLUE JAPAN合作推出服装和鞋子，体现传统工匠精神与运动潮流基因的跨界融合（图4-18）。

奢侈品牌与运动品牌联名并不强调功能性，而是注重极具个性化的外观设计、阶级圈层的身份识别、社交媒体的强大号召力等。各大品牌始终在以多元的理念和形式，拓展着运动潮流文化叙事的边界。无论何种风格，在多元共存的概念下，皆会成为创意美学发散的起点，并在相互的碰撞和融合中，构建起跨领域的影响力，并折射到更多的青年人群之中。品牌联名，实质上是不同服装风格碰撞迸发出的产物。

图4-14　Balmain×PUMA联名款

图4-15　Juun.J×PUMA联名款

图4-16　Ferrari×PUMA联名款

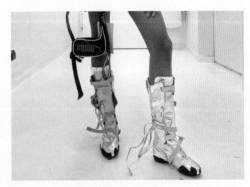

图4-17　Ottolinger×PUMA2024联名款

图4-18 PUMA×BLUE BLUE JAPAN联名系列

（二）极简美学

极简主义的兴起追溯到20世纪初的欧洲，与现代奥林匹克的复兴同根同源。当时的一些艺术家和设计师开始探索一种新的设计理念，他们试图通过简洁、纯粹的线条和形状来表达事物的本质。服装设计中的极简主义，体现在服装色彩组合最常用黑、白、灰表达简单、纯粹，面料上追求质感，舒适性、弹性、悬垂性等性能尤为重要，且没有烦琐的图案。极简主义艺术摒弃含糊繁杂的设计元素，使用大面积留白，注重连贯统一，这些特点跟运动服装的需求高度一致。可以说，运动服装是极简主义风格的践行者。

20世纪60年代，极简主义开始在美国流行起来，并逐渐成为一种全球性的设计风格。极简主义的设计理念被广泛应用于各个领域，包括建筑设计、平面设计、产品设计、服装设计等，在服装设计领域突出表现为"迷你风貌"的盛行、简约的服装设计，其中一些设计师将简约的款式和考究的面料带入运动装的设计中，对竞技服装的发展起到了潜移默化的影响。

（三）复古运动

20世纪90年代是美国经济迅猛发展的时期，是时尚行业的"黄金年代"，戴安娜王妃将运动装生活化、时尚化的着装，被人们津津乐道进而模仿。这个时期，户外运动的流行让运动装从纯粹的功能性服饰，转变成日常着装，运动装融入日常搭配是一种时尚风潮，各大服装品牌纷纷将运动风格加入设计中（图4-19、图4-20）。Nike、adidas等品牌在20世纪90年代迎来大发展，推出的运动鞋成为传世经典，在服装款式上也进行大胆的革新，并于这一时期相继进入中国市场，设立办事机构，开始独立的品牌运作，这为中国的服装市场带来冲击，也颠覆了国人对于运动服

图4-19 香奈儿1988春夏时装

装的印象。中国在这一时代也迎来运动品牌大发展，安踏、李宁、匹克等品牌的创立都是在这一时期。

（四）街头文化

发源自20世纪70年代的街头文化，现在无疑已经成为年轻一代向外界宣示自我态度的潮流途径。街舞、DJ、说唱、涂鸦……几乎在街头出现的任何艺术形式都可以成为街头文化的一个分支，而街头文化这种"来者不拒"的包容性不仅使它拥有了更为多元化的潮流元素，也令它成为时尚圈中少数无惧时代更迭的"潮流门派"。街头文化又称"HIP-HOP"文化，独具个性的它，孕育了无数世界闻名的街头潮流品牌。从某种程度上来说，"HIP-HOP"文化俨然已经成

图4-20 唐可娜儿1994年春夏秀场

为"潮流"的代名词。而街头文化在时光中所积累出的多元性，也衍生出了无数经典百搭的时尚元素。其中以超大尺码服饰闻名的oversize，可谓是最具代表性也最受年轻人喜爱的街头风格。这种夸张且慵懒的穿衣风格，与街头文化的发源有着密不可分的联系。Hip-Hop文化一直崇尚运动与自由，宽松舒适的衣服显然更加方便也更能够宣示自由态度。机缘巧合之下，这种松松垮垮又时尚百搭的oversize风格，就这样在时间的洗礼中意外走红。亚洲的Hip-Hop文化，最初发源于日韩。20世纪90年代初的日韩潮流不仅拥有着自己的街头穿衣风格，也衍生出了自己的Hip-Hop音乐。而街头文化也随着日韩Hip-Hop音乐的兴起，于20世纪90年代后期进入了我们的视野。当渴望宣示自由的灵魂邂逅自由且无拘无束的街头文化，瞬间掀起了一阵狂热的嘻哈热潮。

（五）解构主义

解构主义作为一种设计风格的探索兴起于20世纪80年代，其形式实质是对于结构主义的破坏和分解，具有随意和个性的特点。解构主义服装以逆向思维进行服装设计构思，将服装造型的基本构成元素进行拆分组合，形成突出的外形结构特征。解构风格时装对时尚的影响是空前的，不对称、不修边幅、无规则形状等是解构风格时装的一些基本特征，但它不局限于这些特点。山本耀司、Jacquemus、Sacai的作品都体现着对解构主义风格的理解，与运动品牌的联动设计为结构简约运动服装带来全新的观感。

（六）民族元素

奥运会是各国和地区展示体育精神和体育文化的舞台，服装作为无声的媒介，承担着重

要的展示作用。开闭幕式和竞赛中的服装，都来自各国的精心设计，体现着各国的文化。

对运动员特殊着装需求的许可体现了奥运会这一国际性赛事的包容性和对各民族着装风俗的尊重，也让奥运会竞技服装呈现出各项目、各民族的特色。例如，中国乒乓球项目着装中，民族图案的使用，既具有项目特点，又极具中国元素；马术运动的制服体现英国、法国等欧洲国家传统绅士着装文化；跆拳道服装体现韩国对于武术精神的理解和诠释。

（七）小众设计师品牌

小众设计师运动服装品牌出现，如法国奢侈运动品牌satisfy（图4-21）、美国复古跑步品牌TrackSmith（图4-22）、伦敦跑步品牌SOAR Running、高桥盾为NikeLab特别打造的Gyakusou高端跑步系列等，都是近些年成立，立足生产功能性与时尚感结合的运动服饰。极简运动风的品牌Fear of God ESSENTIALS来自中国的设计师品牌SMFK，在时尚运动市场也表现不俗。

图4-21　法国运动品牌satisfy的Running系列

图4-22　TrackSmith2018年春季系列以"On The Roads"为主题拍摄

基于不同媒介的艺术将会带来不同的审美体验。在符号跨媒介层面，艺术家会运用更多方式驾轻就熟地操纵自己的艺术符号，使之在不同的物质媒介中进行表达；在传播跨媒介层面，商业团体与艺术家的合作会诞生更多高质量的作品，不断扩大艺术接受者圈层，激发观者的参与式创作，使大众的艺术审美水平不断提升。在这样的艺术与商业良性互动的关系之下，未来的艺术场域必定能够达到艺术知名、商业盈利、社会美育之间的协调，以形成"三赢"场面，推动艺术的商业化发展。

四、虚拟时尚蓬勃发展

近年来，时尚界加速数字化转型，虚拟时尚蓬勃发展。虚拟服装是利用计算机技术对布料进行仿真制作的数字服装，通过对服装样板、面料特性、形体和人物动态，以及着装时的形态及其变化的综合考虑，借助计算机进行模拟而得到。

虚拟服装的优势在于不受物理限制，实现了设计和个性化定制的无限可能。它通过构建虚拟数字环境，满足人们对时尚前卫的探索，同时节约能源，减少对环境的破坏。虚拟服装是数字定制虚拟衣橱的体现，可以让照片中的人物穿上虚拟的衣服或首饰，就像在社交平台展示新衣服一样。

Nike2006年推出了Nike+，开启了运动数字化的潮流。Under Armour紧随其后，开展了一系列数字化改革，与HTC合作共同打造UA的在线健康社区和推出可穿戴设备，收购My Fitness Pal和Endomodo两大热门运动生活软件公司，并在2015年隆重推出了Under Armour Record这款应用，与Nike+针锋相对。在可穿戴设备+运动生活应用配套的数字化运动领域，运动品牌为用户提供数据分项的网络社区空间服务。

国内外运动服装品牌逐渐与数字领域跨界融合，探索新型数字化发展道路。Nike收购虚拟潮牌初创公司RTFKT，推出了其首款基于以太坊的非同质化通证（NFT）运动鞋，并在Roblox上推出Nikeland在线游戏区，玩家可以在其中建立自己的身份并在虚拟空间中进行运动。Nike表示将在2025财年实现拥有40%的数字业务的愿景。adidas则与NFT项目Bored Ape Yacht Club、Punks Comic和Gmoney建立新的合作伙伴关系，推出adidas Originals系列的"Into the Metaverse"NFT。此外，Nike给消费者提供虚拟陈列室，消费者可以在虚拟陈列室为化身穿上Nike服饰，并查看最新产品；adidas则有虚拟墙，虚拟现实概念店可展示店铺的产品，虚拟试衣间可供消费者试穿产品。国内运动服装巨头品牌安踏打造"安踏冰雪灵境"沉浸式互动数字空间，首发"2022限量高能冰雪NFT数字藏品"，上线仅72小时，第一阶段的6000份冰雪高能数字藏品就全部发放完毕。安踏与Style 3D联合，加速开展鞋服3D研发及数字化管理，并辐射至安踏供应链，全面进行数字化升级。在2022中国国际时装周中，361°以三星堆出土的青铜鸟和青铜面具等铜器为灵感发布虚拟秀，同时也以其虚拟服饰亮相。

五、可持续发展

据联合国2019年统计数据显示，在纤维生产过程中产生了全球五分之一的废水和十分之一的碳排放。每年全球服装领域生产聚酯、尼龙、氨纶等各类纤维所消耗的资源相当于3.4亿桶原油。欧盟2022年颁布的欧洲纺织品循环可持续发展战略（*EU Strategy for Sustainable and Circular Textiles*）明确要求到2030年时所有的服装需要不含有害物质，由可回收纤维制成。

运动服装大量使用化学纤维和混纺纤维，因此，环保再生材质，一直是各大运动服装制造商关注的热点。Nike对于原材料采购源头、供应资质及标准进行详细追踪与评估，供应链中生产商的能源结构、单位产品能耗、碳排放量及污染物处理等环节均为重点跟踪评估环节。采用Color Dry技术生产的polo衫实现了无水染色，并缩短了40%的染色时间和60%的能耗。adidas在全球范围内开展Run For The Ocean主题活动，采用DryDye无水染色技术，降低了50%的染整能耗和50%的染料消耗。lululemon投资全球领先的材料回收公司暨环保科技公司，双方达成深度合作，目的是实现真正的可持续发展。

我国运动品牌在国家"双碳"目标的驱动下，也进行积极研发和技术创新探索品牌的绿色可持续发展道路。李宁中心园区计划2040年底实现碳中和，2022年，李宁进一步开展绿色运营实践，采取了一系列可广泛落地的措施推动公司生产运营方面的可持续发展。根据工厂的生产工艺特点及办公场所运营情况，开展定制化环保改进措施，进一步降低生产对环境的影响，以及提升资源使用效率。安踏承诺2050年实现碳中和的目标，安踏品牌不断提高环保材料在产品和包装中的使用占比，并积极推进可持续包装，研究电子吊牌等项目。此外，安踏各品牌线开展可持续产品规划，为每个品牌设定了具体目标，持续提升可持续产品占比，在可持续消费领域中发挥正面影响力。安踏首家可持续概念店铺一零碳使命店即将在上海武康路开业，践行品牌的环保使命。特步品牌在生产过程中重视对环保材料及节能节电技术的应用，帮助多家服装和鞋履供应商建立认证实验室并发布低碳环保概念跑鞋"360-ECO"。特步还推出聚乳酸产品，不断在产品中增加可降解材料的使用，尽量减少生产中有害化学品的使用，以降低对环境的影响。

各品牌积极发展环保面料对降低不可再生资源消耗具有深远的意义，在不影响面料性能的前提下，减少对石油能源的消耗，将引领未来环保面料开发的新潮流。

参考文献

[1] 罗宾·沃特菲尔德.奥林匹克：古代奥运会与体育精神的起源[M].北京：北京燕山出版社，2020.

[2] 菲利普·布罗姆.晕眩年代：1900—1914年西方的变化与文化[M].彭小华，译.成都：四川人民出版社，2016.

[3] 大卫·戈德布拉特.奥运会的全球史[M].项歆妮，译.武汉：华中科技大学出版社，2021.

[4] 李当岐. 西洋服装史 [M]. 2版. 北京：高等教育出版社，2005.

[5] 冯泽民，刘海清. 中西服装发展史[M].2版.北京：中国纺织出版社，2008.

[6] 吕越.历届奥运会服饰图典[M].北京：北京出版社，2008.

[7] 赵娟.古希腊运动人体的艺术表现与奥林匹克视觉的制造——论"掷铁饼者"视觉形象的建构逻辑[J].上海体育学院学报，2022，46(12)：48-57.

[8] 林永升，林德明，陈明华，等.超薄合金击剑防护内衣的研究 [J].中国体育科技，1999，35(4)：44-46.

[9] 林德明，林永升，等.击剑防护内衣新材料的探讨[J].文体用品与科技，1988(3)：7.

[10] 张嘉冀.体育运动服装辅助体育训练研究——以击剑运动服装为例 [J].纺织报告，2023，42(5)：62-64.

[11] 韩其霖.体育功能性服装辅助体育训练与教学研究[J].化纤与纺织技术，2022，51(12)：148-150.

[12] 韩其霖.体育运动服装功能性对体育教学的辅助作用研究 [J].化纤与纺织技术，2022，51(11)：160-162.

[13] 李明，卢小龙，叶超.基于击剑运动舒适性的服装面料功能设计研究 [J].鞋类工艺与设计，2022，2(21)：14-16.

[14] 洪文进，苗钰，华丽霞，等.基于击剑动作分析的击剑防护服设计 [J].上海纺织科技，2021，49(3)：19-22.

[15] 杨志军.体育功能性服装辅助体育训练与教学研究——评《服装设计基础》[J].毛纺科技，2022，50(1)：136-137.

[16] 丹尼尔·詹姆士·科尔，南希·戴尔.现代服饰史[M].邝杨华，译.上海：东华大学出版社，2023.

[17] 国家体委体育文史工作委员会，中国击剑协会.中国击剑运动史[M].武汉：武汉出版社，1992.

[18] 徐丽娜，朱珂.从近三届奥运会看世界击剑实力格局与发展趋势，[J]体育文化导刊，2017(6)：92-97.

[19] 李春木，余银，鲁宇航，等.夏奥项目改革背景下我国竞技体育项目发展思考——基于近七届夏奥项目改革趋势、驱动因素分析 [J].武汉体育学院学报，2023，57(10)：73-82.

[20] 李玲蔚.夏季奥运会项目设置演变过程与发展趋势[J].北京体育大学学报，2008(1)：34-43.

[21] 耿家先, 李丰荣. 2020东京奥运会项目变动的特征、影响与启示——兼谈奥运会项目设置的演变趋势 [J]. 武汉体育学院学报, 2020, 54(9): 72-78.

[22] 赵连保. 探析现代体育运动服装设计的潮流走向——评《运动服装设计》[J]. 毛纺科技, 2020, 48(7): 97-98.

[23] 孙湉, 沈雷. 运动服装品牌跨界营销策略优化研究 [J]. 毛纺科技, 2021, 49(3): 93-99.

[24] 王净. 虚拟服装技术对服装界的影响 [J]. 纺织导报, 2010(8): 88-89.

[25] 张绅. 运动服装品牌视觉文化传播的研究 [D]. 济南: 山东体育学院, 2018.

[26] 高飞寅. 消费时代服装数字化设计的特征 [J]. 纺织导报, 2009(3): 87-88.

[27] 牛宏颐, 李晓英. 运动服装设计要素及其应用分析[J]. 针织工业, 2013(8): 45-49.

[28] 洪文进, ROSITA MOHD TAJUDDIN, 唐颖, 等. 基于CLO 3D技术的女性智能运动内衣设计方法 [J]. 上海纺织科技, 2022, 50(3): 22-26.

[29] 梁盈春. 城市户外运动服装设计现状及要素分析 [J]. 天津纺织科技, 2022(2): 5-8.

[30] DAL L, SOOK AI.A Study on Characteristics of Athleisure Design in Domestic and International Brands[J]. Illustration Forum, 2016, 17 (48): 27-36.

[31] BRUBACHER K, TYLER D, APEAGYEI P, et al. Evaluation of the Accuracy and Practicability of Predicting Compression Garment Pressure Using Virtual Fit Technology [J]. Clothing and Textiles Research Journal, 2023, 41(2): 107-124.

[32] WANG L, SHEN B. A product Line Analysis for Eco-designed Fashion Products: Evidence from an Outdoor Sportswear Brand [J]. Sustainability, 2017, 9(7): 1136.

[33] 冯晨昕. 基于虚拟服装技术的运动服装品牌数字化设计 [D]. 无锡: 江南大学, 2023.

[34] 易剑东. 从奥运项目遴选标准和程序、理念和趋势演进看"电竞入奥"的可能性 [J]. 成都体育学院学报, 2022, 48(3): 10-18.

[35] 李玲蔚. 夏季奥运会项目设置演变过程与发展趋势 [J]. 北京体育大学学报, 2008, 31(1): 34-39, 43.

[36] 翟世雄, 范追追, 靳凯丽, 等. 运动服装面料研究发展现状分析 [J]. 国际纺织导报, 2020, 48(6): 42-44, 46-48, 54.

[37] 于建明, 何世贤, 龙海如. 针织运动休闲面料 [J]. 纺织导报, 2010(9): 36, 38-40.

[38] 李鑫. 运动装面料开发方向分析 [J]. 纺织导报, 2016(9): 60-62.

[39] 丛洪莲, 范思齐, 董智佳. 功能性经编运动面料产品的开发现状与发展趋势 [J]. 纺织导报, 2017(5): 83-86.

[40] 刘辅庭. 纤维和运动服[J]. 现代丝绸科学与技术, 2016, 31(1): 38-40.

[41] 李明, 卢小龙, 叶超.基于击剑运动舒适性的服装面料功能设计研究[J].鞋类工艺与设计, 2022, 2(21): 12-16.

[42] 王建萍, 张宇婷, 郑牧青, 等.超声波无痕压胶参数对针织运动装缝口性能的影响 [J]. 服装学报, 2021, 6(5): 377-383.

[43] 周楠, 蒋晓文, 王雪婷. 基于生物力学的运动防护服装研究进展 [J]. 服装学报, 2020, 5(3): 210-215.

[44] 崔志英，郑蓉梅，张好恬. 热熔接针织服装接缝性能研究 [J]. 针织工业，2019(12)：81–83.

[45] 苏炳添，邓民威，徐泽，等. 新时代中国男子100m短跑：回顾与展望 [J]. 体育科学，2019，39(2)：22–28.

[46] 杨先碧. 现代科技让奥运健将飞翔 [J]. 科学之友(A版)，2008(2)：42.

[47] 黄大壮. 运动服装趣史 [J]. 体育文史，1988(3)：76–78.

[48] 黄菲. 奥运会运动服流变及文化思考 [D]. 苏州：苏州大学，2005.

[49] 乔治·维加雷洛. [M]. 乔咪加，译. 北京：中国人民大学出版社，2007.

[50] 魏伟，王铮朗. 奥运全球传播的发展、困境与前景 [J]. 沈阳体育学院学报，2024，43(1)：121–128.

[51] 陈小平. 竞技运动训练发展的主要趋势——科学化[J]. 中国体育教练员，2022(2)：4–6.

[52] 李海鹏，陈小平，何卫，等. 科技助力竞技体育：运动训练中可穿戴设备的应用与发展 [J]. 成都体育学院学报，2020，46(3)：19–25.

[53] LAUKKANEN R M，VIRTANEN P K. Heart Rate Monitors：State of the Art [J]. Journal of Sports Sciences，1998，16(Suppl)：S3–S7.

[54] MACFARLANE D J. Open–circuit Respirometry：A Historical Review of Portable Gas Analysis Systems [J]. European Journal of Applied Physiology，2017，117(12)：2369–2386.

[55] EDGECOMB S，NORTON K. Comparison of Global Positioning and Computer–based Tracking Systems for Measuring Player Movement Distance During Australian Football[J].Science and Medicine in Sport，2006，9(1)：25–32.

[56] LUTEBERGET L S，SPENCER M，GILGIEN M. Validity of the Catapult ClearSky T6 Local Positioning System for Team Sports Specific Drills, in Indoor Conditions [J]. Frontiers in Physiology，2018，9：115.

[57] 崔洪成，陈庆贵，健身智能可穿戴设备持续使用意愿研究[J].河北体育学院学报2024(3)：1–10.

[58] 李超德. "国潮风" 与国家时尚设计美学品格 [J]. 服装设计师，2022(9)：14–23.

[59] 祝帅. 国潮、中国风与中国设计主体性的崛起 [J]. 装饰，2021(10)：12–17.

[60] 赵莉，刘卫. 民国女学生运动装的形制变迁及审美转向 [J]. 丝绸，2023，60(8)：159–165.

[61] 刘怡. 跨媒介理论视角下的 "艺术家联名" 实践——以路易威登草间弥生系列为例 [J]. 北京文化创意，2024(1)：41–46.

[62] 赵相林. 我国主要运动服装企业品牌战略管理的研究 [D]. 北京：北京体育大学，2013.

[63] 王萌.我国体育用品企业差异化战略研究[M].武汉：华中师范大学，2009.

后　记

　　第三十三届奥运会将于2024年7月26日在巴黎开幕，日前，法国代表队公布了2024巴黎奥运会和残奥会的参赛服装，并在巴黎时装周特别活动中率先展出。本次法国队服装由街头品牌Pigalle创始人Stéphane Ashpool参与设计，法国本土运动品牌le coq sportif赞助及制作。整个系列将复古风格和运动结合，向1924年奥运会的法国代表队致敬。迪卡侬为奥运会志愿者打造的制服设计灵感源自法国标志性的文化象征——巴黎歌剧院，颜色鲜明、设计独特，采用环保材质，且融合了极具功能性的元素，被誉为"超人的披风"。

　　时尚品牌LVMH集团以"打造梦想的艺术"（The Art of Crafing Dreams）为主题，把运动与奢侈品串连，向世界展示法国的工艺，旗下Dior、Louis Vuitton品牌将为法国队打造制服，Berluti将会为法国代表队设计出席各项活动的服装。奥运奖牌由珠宝品牌Chaumet设计，呈现奢华珠宝的工艺品感。作为"时尚"和"奢侈品"发源地的法国巴黎，势必打造出时尚的奥运赛事。"时尚"和"艺术"也将是本届奥运会的一大看点。

　　奥运会是全球性、综合性体育赛事，从举办之初的业余体育竞赛，到如今的职业竞赛；从最初较少的比赛项目到如今项目庞多；参与者由最初的欧洲地区到如今七大洲……奥运会经历了百年多的曲折发展，成就了无数经典瞬间，是人类历史上的灿烂篇章。

　　奥运会中的服装类型多样，竞技赛事中的服装也因项目庞杂梳理较为困难，本文根据奥运会中竞技服装的特点将其分为六大类：专业竞技类服装、团队运动服装、水上运动类服装、体操舞蹈类服装、休闲运动类服装和格斗力量类服装。专业竞技类服装针对性强，为特定的运动项目设计；团队运动服装提供团队标识性；水上运动类服装满足水中或水上这一特定环境中的运动需求；体操舞蹈类服装既要有功能性又要体现艺术性；休闲运动类服装更注重舒适性；格斗力量类服装则注重实用性。2024年法国奥运会发布的代表队服装中，包含滑板、田径、霹雳舞、游泳、马术、跆拳道、网球、艺术体操等项目的竞技服装。这些服装色彩统一、以白、蓝、红为主色调，呈现简约、时尚、青春、活力的风格。

体现了现代奥运会竞技服装的功能性、标识性、审美性、礼仪性等特性。

奥运会早期阶段的参赛人员以欧洲贵族和资产阶级为主，带有贵族定制服装的烙印，以天然材质中的棉、麻、丝、毛制衣，是当时贵族日常华丽着装的简化版，随着纺织技术的发展和运动服装的需求，化学纤维的出现使得运动装进入新的发展阶段，运动服的广泛普及也使得化学纤维快速发展。近几十年，化学纤维、混纺纤维、智能纤维等纺织纤维发展迅速，加之奥运会职业化，使得奥运会竞技服装不断在技术上实现更新迭代。21世纪初的仿生"鲨鱼皮"材质是代表性的"黑科技"，它带来的奥运会游泳项目成绩的提升令人斐然。

奥运会竞技服装款式深受时尚潮流的影响，如军服的统一制式、"唯美服饰"、紧身服、嘻哈文化、休闲运动风、国潮风等流行风向；受社会思潮如女性主义、健身文化、平等主义、科技至上主义、国家主义、生态主义等的影响；运动服装商业化发展也促进了竞技服装的标准化进程，运动品牌的成立与发展，体育明星的商业影响，时尚杂志、影视剧的传播，都不断促进着奥运会竞技服装的发展，如今奥运赛场上的竞技服装，已经不再是单纯服装的概念，而是各国和地区在科技、经济、文化和设计软实力等各方面的综合较量。

奥运会竞技服装未来的发展趋势，与"体育"和"服装"在未来社会扮演的角色相关。奥运会是人类体育发展集大成的全球性赛事，竞技服装凝聚了科技与文化的精华。根据奥运会的发展历程和奥运会的发展趋势的分析，未来的奥运会竞技服装将在科技发展的继续赋能中、更具美感体验的需求中、虚拟赛事发展引发的虚拟服饰蓬勃发展趋势下，以及项目深入发展对细分领域服装的需求下，实现绿色可持续发展。